宝天曼自然保护区珍稀植物图鉴

陈良甫　路登伟　刘宗才 ◎ 主编

ATLAS OF RARE PLANTS IN BAOTIANMAN NATURE RESERVE

中国林业出版社
China Forestry Publishing House

图书在版编目（CIP）数据

宝天曼自然保护区珍稀植物图鉴 / 陈良甫，路登伟，刘宗才主编． -- 北京：中国林业出版社，2021.6
ISBN 978-7-5219-1319-4

I. ①河… II. ①陈… ②路… ③刘… III. ①自然保护区 – 植物 – 内乡县 – 图集 IV. ① Q948.526.14-64

中国版本图书馆 CIP 数据核字 (2021) 第 169658 号

责任编辑　于界芬

出版发行	中国林业出版社
	（100009 北京西城区德内大街刘海胡同 7 号）
网　　址	http://www.forestry.gov.cn/lycb.html
电　　话	（010）83143542
印　　刷	北京博海升彩色印刷有限公司
版　　次	2022 年 1 月第 1 版
印　　次	2022 年 1 月第 1 次
开　　本	787mm×1092mm　1/16
印　　张	24.75
字　　数	476 千字
定　　价	268.00 元

未经许可，不得以任何方式复制或抄袭本书之部分或全部内容。

版权所有　侵权必究

编辑委员会

宝天曼自然保护区珍稀植物图鉴

编撰工作领导小组

- **顾　问**　刘世荣
- **组　长**　陈良甫
- **副组长**　路登伟
- **成　员**　樊国华　张清浩　李英杰　刘　振　张建玲
　　　　　胡宏敏　刘宗才

撰稿组

- **主　编**　陈良甫　路登伟　刘宗才
- **副主编**　张清浩　胡宏敏　刘晓静　闫满玉
- **编　委**（按姓氏拼音排序）
　　　　　白兵勇　韩中海　江　鹏　田　野　徐东亚
　　　　　姚　松　余征遥　王庆合　朱学科

序

FORWORD

———— 宝天曼自然保护区珍稀植物图鉴 ————

    宝天曼，伏牛山精华，河南省生物多样性的分布中心，具有我国中部地区保存最为完好的北亚热带向暖温带过渡带的森林生态系统，不但珍稀物种繁多，而且森林生态系统的组成、结构、功能及生物多样性具有独特的科学研究价值。1992 年 2 月，世界自然基金会（WWF）和林业部在北京召开的"中国自然保护优先领域"研讨会上，确定宝天曼应为国家和全球优先保护的自然区域；2001 年 9 月，宝天曼被联合国教科文组织批准为世界生物圈保护区。

    历史上"药王"孙思邈、"医圣"张仲景都得益于该区域丰富的物种资源；20 世纪五六十年代，时华民等老一辈植物学家就开始研究宝天曼的植物，80 年代始，王遂义、丁宝章、叶永忠等对宝天曼植物开启了系统、全面调查，90 年代中国林业科学研究院蒋有绪等在宝天曼开展了森林群落学调查和生物多样性监测，基于这些调查和研究成果先后出版了《中国暖温带森林生物多样性研究》和《河南宝天曼国家级自然保护区科学考察集》。宝天曼植物资源调查不但获取了森林物种多样性第一手资料，其成果也为生态学、动物学等其他学科的科学研究奠定了基础，特别对阐明森林结构和功能、物种共存机制有着重要意义。

    宝天曼森林茂密，物种繁多，是生态学、植物学、地理学等科学研究最理想的基地。中国科学院院士蒋有绪、吴中伦、洪德元、唐守正和许智宏及中国工程院院士冯宗炜、李文华、刘人怀等先后考察宝天曼。鉴于宝天曼暖温带森林在我国东部南北森林样带中具有典型性和代表性，20世纪90年代中国林业科学研究院在宝天曼建立了森林生态系统定位观测研究站，2020年被科技部遴选为国家级森林生态系统野外科学观测研究站，持续开展了全球变化背景下暖温带森林生态系统碳氮水循环过程的观测研究及生物多样性的长期动态监测。

《宝天曼自然保护区珍稀植物图鉴》采用图文并茂的方式，对区内370余种珍稀植物进行了特征、习性、分布的介绍，具有植物分类学、保护生物学研究和科普宣传等方面的重要价值，方便了人们更直观地认识宝天曼珍稀植物的特性和宝天曼的植物多样性。期望本书的出版更能吸引植物学、林学和生态学科研人员及植物爱好者认识和研究宝天曼。

2021年7月

前 言
PREFACE

宝天曼自然保护区珍稀植物图鉴

宝天曼地处北亚热带向暖温带过渡区域，位于秦岭东段伏牛山南麓、河南省西南部内乡县，是河南省第一个自然保护区、河南省首批国家级自然区、中原唯一的世界生物圈保护区，独特的区位及较好的保护，使其具有丰富的植物多样性，特别是珍稀植物众多。

多年来，保护区工作人员联合多家科研院所，对区内植物资源开展了持续调查和研究，特别是在"河南内乡宝天曼国家级自然保护区保护和监测工程建设项目"的资助下，基于样线法，采用数字化、地标化野外调查技术对保护区内植物资源进行了定位调查。本次调查行走100余条样线，累积徒步700余公里，采集数字标本68700号、获取1570种维管植物的坐标定位和地理分布信息、制作蜡叶标本1500号。《宝天曼自然保护区珍稀植物图鉴》是在掌握大量第一手资料的基础上，编撰而成，是宝天曼第一部植物彩色图鉴。

本书共收录104科240属379种，其中国家Ⅰ级保护野生植物7种，国家Ⅱ级保护野生植物22种，国家Ⅰ级珍贵树种6种，国家Ⅱ级珍贵树种9种，河南省重点保护植物48种，中国种子植物特有种149种。每种植物附3~5张照片，直观、真实地反映生境和识别特征，文字描述简明扼要，重点介绍形态识别特征及其分布信息，便于读者图文对照和野外物种识别。

本书科的系统编排，蕨类植物以秦仁昌蕨类植物分类系统为准，裸子植物以郑万钧裸子植物分类系统为准，被子植物科、属的分类主要依据Cronquist（柯朗奎斯特）系统（稍有调整）。本书所引用的植物物种名称，均在《河南植物志》及《河南树木志》物种名称体系的基础上，以"物种2000"（Species 2000）最新光盘数据库为准，进行了物种名称（中文名和学名）订正。

限于编者水平有限，书中难免有错漏之处，敬请广大读者批评指正。

编者

2021年8月于宝天曼管理局

目录
CONTENTS

宝天曼自然保护区珍稀植物图鉴

过山蕨 …………………… 001	凹叶厚朴 ………………… 022
荚果蕨 …………………… 002	川桂 ……………………… 023
贯众 ……………………… 003	木姜子 …………………… 024
银杏 ……………………… 004	豹皮樟 …………………… 025
日本落叶松 ……………… 005	天目木姜子 ……………… 026
大果青扦 ………………… 006	宜昌润楠 ………………… 027
华山松 …………………… 007	闽楠 ……………………… 028
油松 ……………………… 008	簇叶新木姜子 …………… 029
马尾松 …………………… 009	山胡椒 …………………… 030
冷杉 ……………………… 010	三桠乌药 ………………… 031
巴山冷杉 ………………… 011	山橿 ……………………… 032
铁杉 ……………………… 012	马蹄香 …………………… 033
水杉 ……………………… 013	五味子 …………………… 034
三尖杉 …………………… 014	华中五味子 ……………… 035
粗榧 ……………………… 015	大麻叶乌头 ……………… 036
红豆杉 …………………… 016	高乌头 …………………… 037
南方红豆杉 ……………… 017	川鄂乌头 ………………… 038
鹅掌楸 …………………… 018	纵肋人字果 ……………… 039
望春玉兰 ………………… 019	华北耧斗菜 ……………… 040
武当玉兰 ………………… 020	粗齿铁线莲 ……………… 041
黄山木兰 ………………… 021	太行铁线莲 ……………… 042

目录

大花绣球藤……………………… 043	青檀……………………………… 075
西南唐松草……………………… 044	紫弹树…………………………… 076
大叶唐松草……………………… 045	大叶朴…………………………… 077
长喙唐松草……………………… 046	珊瑚朴…………………………… 078
鹅掌草…………………………… 047	葎草……………………………… 079
大火草…………………………… 048	异叶榕…………………………… 080
川鄂小檗………………………… 049	桑………………………………… 081
短柄小檗………………………… 050	鸡桑……………………………… 082
秦岭小檗………………………… 051	构树……………………………… 083
阔叶十大功劳…………………… 052	苎麻……………………………… 084
淫羊藿…………………………… 053	青钱柳…………………………… 085
三叶木通………………………… 054	化香树…………………………… 086
鹰爪枫…………………………… 055	枫杨……………………………… 087
木防己…………………………… 056	胡桃楸…………………………… 088
四川清风藤……………………… 057	胡桃……………………………… 089
珂楠树…………………………… 058	茅栗……………………………… 090
垂枝泡花树……………………… 059	栓皮栎…………………………… 091
泡花树…………………………… 060	麻栎……………………………… 092
暖木……………………………… 061	枹栎……………………………… 093
小果博落回……………………… 062	槲栎……………………………… 094
延胡索…………………………… 063	锐齿槲栎………………………… 095
小药八旦子……………………… 064	槲树……………………………… 096
连香树…………………………… 065	巴东栎…………………………… 097
领春木…………………………… 066	匙叶栎…………………………… 098
牛鼻栓…………………………… 067	岩栎……………………………… 099
山白树…………………………… 068	米心水青冈……………………… 100
水丝梨…………………………… 069	白桦……………………………… 101
杜仲……………………………… 070	红桦……………………………… 102
大果榆…………………………… 071	亮叶桦…………………………… 103
兴山榆…………………………… 072	榛………………………………… 104
大叶榉树………………………… 073	华榛……………………………… 105
大果榉…………………………… 074	千金榆…………………………… 106

名称	页码	名称	页码
鹅耳枥	107	斑赤瓟	139
川陕鹅耳枥	108	秋海棠	140
多脉鹅耳枥	109	响叶杨	141
湖北鹅耳枥	110	蒿柳	142
小叶鹅耳枥	111	紫柳	143
川鄂鹅耳枥	112	紫枝柳	144
铁木	113	诸葛菜	145
中国繁缕	114	秀雅杜鹃	146
石生蝇子草	115	太白杜鹃	147
蝇子草	116	紫背鹿蹄草	148
金线草	117	水晶兰	149
愉悦蓼	118	柿	150
翼蓼	119	君迁子	151
金荞麦	120	老鸹铃	152
细柄野荞麦	121	野茉莉	153
矮牡丹	122	芬芳安息香	154
紫斑牡丹	123	玉铃花	155
紫茎	124	秤锤树	156
陕西紫茎	125	白檀	157
黑蕊猕猴桃	126	过路黄	158
软枣猕猴桃	127	点腺过路黄	159
中华猕猴桃	128	金爪儿	160
黄海棠	129	狭叶珍珠菜	161
少脉椴	130	铁仔	162
毛糯米椴	131	海金子	163
华东椴	132	东北茶藨子	164
粉椴	133	大苞景天	165
山拐枣	134	堪察加费菜	166
山桐子	135	秦岭金腰	167
中国旌节花	136	七叶鬼灯檠	168
斑叶堇菜	137	落新妇	169
绞股蓝	138	黄水枝	170

大花溲疏 …………………………… 171	华西蔷薇 …………………………… 203
粉背溲疏 …………………………… 172	棣棠花 ……………………………… 204
山梅花 ……………………………… 173	插田泡 ……………………………… 205
莼兰绣球 …………………………… 174	山莓 ………………………………… 206
挂苦绣球 …………………………… 175	蓬蘽 ………………………………… 207
蜡莲绣球 …………………………… 176	绵果悬钩子 ………………………… 208
三裂绣线菊 ………………………… 177	秀丽莓 ……………………………… 209
毛花绣线菊 ………………………… 178	弓茎悬钩子 ………………………… 210
绢毛绣线菊 ………………………… 179	杏 …………………………………… 211
华北珍珠梅 ………………………… 180	多毛樱桃 …………………………… 212
西北栒子 …………………………… 181	尾叶樱桃 …………………………… 213
灰栒子 ……………………………… 182	微毛樱桃 …………………………… 214
华中栒子 …………………………… 183	稠李 ………………………………… 215
麻核栒子 …………………………… 184	细齿稠李 …………………………… 216
小叶石楠 …………………………… 185	短梗稠李 …………………………… 217
山楂 ………………………………… 186	臭樱 ………………………………… 218
甘肃山楂 …………………………… 187	中华绣线梅 ………………………… 219
湖北山楂 …………………………… 188	毛叶绣线梅 ………………………… 220
湖北花楸 …………………………… 189	杠柳 ………………………………… 221
水榆花楸 …………………………… 190	合欢 ………………………………… 222
石灰花楸 …………………………… 191	山槐 ………………………………… 223
唐棣 ………………………………… 192	紫荆 ………………………………… 224
杜梨 ………………………………… 193	湖北紫荆 …………………………… 225
褐梨 ………………………………… 194	皂荚 ………………………………… 226
木梨 ………………………………… 195	华山马鞍树 ………………………… 227
山荆子 ……………………………… 196	两型豆 ……………………………… 228
陇东海棠 …………………………… 197	野大豆 ……………………………… 229
河南海棠 …………………………… 198	葛 …………………………………… 230
湖北海棠 …………………………… 199	多花木蓝 …………………………… 231
美蔷薇 ……………………………… 200	牯岭野豌豆 ………………………… 232
钝叶蔷薇 …………………………… 201	黄檀 ………………………………… 233
软条七蔷薇 ………………………… 202	长柄山蚂蝗 ………………………… 234

绿叶胡枝子	235	花叶地锦	267
美丽胡枝子	236	省沽油	268
多花胡枝子	237	膀胱果	269
胡颓子	238	瘿椒树	270
凹叶瑞香	239	七叶树	271
露珠草	240	天师栗	272
瓜木	241	无患子	273
珙桐	242	栾树	274
灯台树	243	金钱槭	275
四照花	244	五角枫	276
山茱萸	245	长柄槭	277
毛梾	246	飞蛾槭	278
青皮木	247	青榨槭	279
米面蓊	248	葛萝槭	280
秦岭米面蓊	249	血皮槭	281
卫矛	250	杈叶枫	282
疣点卫矛	251	建始槭	283
栓翅卫矛	252	秦岭槭	284
石枣子	253	五尖槭	285
扶芳藤	254	黄连木	286
南蛇藤	255	黄栌	287
油桐	256	盐肤木	288
野桐	257	漆	289
乌桕	258	臭椿	290
白木乌桕	259	香椿	291
北枳椇	260	野花椒	292
卵叶猫乳	261	浪叶花椒	293
鼠李	262	椿叶花椒	294
勾儿茶	263	竹叶花椒	295
铜钱树	264	朵花椒	296
蛇葡萄	265	小花花椒	297
三裂蛇葡萄	266	臭檀吴萸	298

目录

黄檗 …… 299	松蒿 …… 331
老鹳草 …… 300	旋蒴苣苔 …… 332
翼萼凤仙花 …… 301	楸 …… 333
刺楸 …… 302	铜锤玉带草 …… 334
糙叶五加 …… 303	心叶沙参 …… 335
细柱五加 …… 304	羊乳 …… 336
楤木 …… 305	细叶水团花 …… 337
竹节参 …… 306	香果树 …… 338
条叶岩风 …… 307	鸡矢藤 …… 339
尖叶藁本 …… 308	南方六道木 …… 340
大叶醉鱼草 …… 309	六道木 …… 341
细茎双蝴蝶 …… 310	蓪梗花 …… 342
江南散血丹 …… 311	蝟实 …… 343
挂金灯 …… 312	金花忍冬 …… 344
斑种草 …… 313	郁香忍冬 …… 345
盾果草 …… 314	北京忍冬 …… 346
紫珠 …… 315	红脉忍冬 …… 347
海州常山 …… 316	接骨木 …… 348
三花莸 …… 317	桦叶荚蒾 …… 349
筋骨草 …… 318	陕西荚蒾 …… 350
糙苏 …… 319	糙叶败酱 …… 351
荫生鼠尾草 …… 320	黄腺香青 …… 352
木香薷 …… 321	毛华菊 …… 353
香茶菜 …… 322	中华蟹甲草 …… 354
碎米桠 …… 323	心叶帚菊 …… 355
白蜡树 …… 324	魁蓟 …… 356
水曲柳 …… 325	一把伞南星 …… 357
象蜡树 …… 326	披针薹草 …… 358
连翘 …… 327	箭竹 …… 359
紫丁香 …… 328	求米草 …… 360
小叶女贞 …… 329	苍葱 …… 361
毛泡桐 …… 330	油点草 …… 362

野百合……………………………… 363	穿龙薯蓣……………………………… 372
川百合……………………………… 364	扇脉杓兰……………………………… 373
铃兰………………………………… 365	头蕊兰………………………………… 374
玉竹………………………………… 366	天麻…………………………………… 375
湖北黄精…………………………… 367	广东石豆兰…………………………… 376
七叶一枝花………………………… 368	杜鹃兰………………………………… 377
山麦冬……………………………… 369	蕙兰…………………………………… 378
黑果菝葜…………………………… 370	曲茎石斛……………………………… 379
托柄菝葜…………………………… 371	

过山蕨

Asplenium ruprechtii

科名 铁角蕨科 Aspleniaceae

属名 铁角蕨属 *Asplenium*

形态特征 根状茎直立，连同叶柄基部密生披针形鳞片；叶簇生，二型，营养叶二回羽状，矩圆状倒披针形，叶轴和羽轴偶有棕色柔毛，下部羽片逐渐缩小成耳形，侧脉单一；孢子叶短而直立，有长柄，一回羽状，羽片向背面反卷成有节的荚果状，包被囊群；孢子囊群圆形，生侧脉分枝的中部，熟时汇合成线形；囊群盖膜质，白色，熟时破裂消失。

分布 许窑沟、猴沟、红寺河、牧虎顶林区；生于林下阴湿处。

保护类别 河南省重点保护植物。

荚果蕨
Matteuccia struthiopteris

科名 球子蕨科 Onocleaceae
属名 荚果蕨属 *Matteuccia*

形态特征 根状茎直立，连同叶柄基部密生披针形鳞片；叶簇生，二型，营养叶二回羽状，矩圆状倒披针形，叶轴和羽轴偶有棕色柔毛，下部羽片逐渐缩小成耳形，侧脉单一；孢子叶短而直立，有长柄，一回羽状，羽片向背面反卷成有节的荚果状，包被囊群；孢子囊群圆形，生侧脉分枝的中部，熟时汇合成线形；囊群盖膜质，白色，熟时破裂消失。

分布 许窑沟、猴沟、红寺河、牧虎顶林区；生于林下阴湿处。

保护类别 河南省重点保护植物。

贯众
Cyrtomium fortune

科名 鳞毛蕨科 Dryopteridaceae
属名 贯众属 *Cyrtomium*

形态特征 根状茎短，直立或斜上，连同叶柄基部被宽披针形黑褐色大鳞片；叶簇生，宽披针形，纸质，奇数一回羽状，羽片镰状披针形；叶脉网状，有内藏小脉1~2条，叶柄禾秆色；孢子囊群生于内藏小脉顶端，在主脉两侧各排成不整齐的3~4行，囊群盖大，圆盾形，全缘。

分布 宝天曼、猴沟、许窑沟、银虎沟、南阴坡、红寺河、圣垛山、蚂蚁沟、牛心垛林区；生于山谷、林缘。

银杏

Ginkgo biloba

科名 银杏科 Ginkgoaceae

属名 银杏属 *Ginkgo*

形态特征 落叶乔木，有长短枝；叶扇形，有长柄，淡绿色，无毛，叶脉二叉状，在短枝上常具波状缺刻，在长枝上常2裂，基部宽楔形，叶在一年生长枝上螺旋状散生，在短枝上3~8叶呈簇生状；雌雄异株，单性，呈簇生状；雄球花柔荑花序状，下垂，雄蕊排列疏松，长椭圆形；种子具长梗，下垂，椭圆形，外种皮肉质，熟时黄色，外被白粉，有臭味；中种皮白色，骨质，具2~3条纵脊；内种皮膜质，淡红褐色；花期3~4月，种熟期9~10月。

分布 葛条爬、卢家坪、大块地林区；人为引种栽培。

保护类别 国家Ⅰ级保护野生植物，国家珍贵树种Ⅰ级，中国种子植物特有种。

日本落叶松

Larix kaempferi

科名 松科 Pinaceae
属名 落叶松属 *Larix*

形态特征 落叶乔木；树皮暗褐色，纵裂粗糙，鳞片状脱落；枝平展，树冠塔形；一年生长枝淡黄色，有白粉，二、三年生枝灰褐色，短枝上环痕明显；叶倒披针状条形，下面中脉隆起，两面均有气孔线；雄球花淡黄褐色，卵圆形；雌球花紫红色，苞鳞反曲，先端3裂，中裂急尖；球果卵圆形，熟时黄褐色，上部边缘波状，显著地向外反曲；苞鳞紫红色，窄矩圆形，先端3裂；种子倒卵圆形，种翅上部三角状，中部较宽；花期4~5月，球果10月成熟。

分布 银虎沟、宝天曼林区；生长于海拔1300m的山坡（栽培种）。

大果青扦

Picea neoveitchii

科名 松科 Pinaceae
属名 云杉属 *Picea*

形态特征 常绿乔木；树皮灰色，裂成鳞状块片脱落；叶四棱状线形、两侧扁、无柄，四面均带有气孔带；球果下垂，矩圆状圆柱形，成熟前绿色，有树脂，成熟时淡褐色；种鳞宽大，宽倒卵状五角形，斜方状卵形或；苞鳞小，种子有翅；花期4~5月，球果次年9~10月成熟。

分布 七里沟林区；生长于海拔1700m以下的山坡。

保护类别 国家Ⅱ级保护野生植物，国家珍贵树种Ⅱ级，中国种子植物特有种。

华山松

Pinus armandii

科名　松科 Pinaceae
属名　松属 *Pinus*

形态特征　常绿乔木；树皮裂成长方形厚片，枝条平展，树冠塔形；针叶5针一束，雄球花黄色，卵状圆柱形，集生于新枝下部成穗状；球果圆锥状长卵圆形，幼时绿色，成熟时黄褐色，种鳞张开，种子脱落；种子黄褐色，倒卵圆形；花期4~5月，球果次年9~10月成熟。

分布　宝天曼、牧虎顶、猴沟、红寺河林区；生长于海拔1000m以上的山坡和山脊。

油松

Pinus tabuliformis

科名 松科 Pinaceae

属名 松属 *Pinus*

形态特征 常绿乔木，树皮灰褐色，不规则鳞状裂片，枝平展或向下斜展；针叶2针一束，粗硬；雄球花圆柱形，在新枝下部聚生成穗状；球果卵形，向下弯垂，常宿存树上数年；种子卵圆形，淡褐色有斑纹；花期4~5月，球果次年10月成熟。

分布 宝天曼、蚂蚁沟、猴沟、许窑沟、南阴坡、牧虎顶、红寺河、五岈子、银虎沟等林区；生长于海拔1200m以上阳光充足的山坡。

马尾松

Pinus massoniana

科名 松科 Pinaceae

属名 松属 *Pinus*

形态特征 落叶乔木，树皮红褐色，深裂成不规则状厚块片；小枝红黄色，无毛，冬芽圆柱形，褐色，先端尖；针叶2针一束，细柔，树脂管边生；一年生小球果上部种鳞先端有向上直伸的刺，球果长卵形，熟时栗色；种鳞矩圆状倒卵形，鳞盾平，种子具翅；花期4月，球果次年10~11月成熟。

分布 圣垛山、七里沟林区；生长于海拔800m以下阳光充足的山坡、酸性土壤。

保护类别 中国种子植物特有种。

冷杉
Abies fabri

科名 松科 Pinaceae
属名 冷杉属 *Abies*

形态特征 常绿乔木，树皮灰色，一年生枝淡褐黄色，叶枕之间有疏生短毛；叶条形，边缘微反卷，先端有凹缺，上面光绿色，下面有两条粉白色气孔带；球果卵状圆柱形，有短梗，熟时暗黑色，微被白粉；中部种鳞扇状四边形，苞鳞微露出；种子长椭圆形，种翅黑褐色，楔形；花期5月，球果10月成熟。

分布 宝天曼林区；生长于海拔1600m以上的高山地带。

保护类别 中国种子植物特有种。

巴山冷杉

Abies fargesii

科名 松科 Pinaceae
属名 冷杉属 *Abies*

形态特征 常绿乔木，树皮粗糙，暗灰色，一年生枝红褐色；叶线形，先端钝，背面有两条白粉带，叶柄短，干后黄色；球果长圆形，熟时紫黑色，种鳞肾形，苞鳞微露，先端有急尖头；种子倒三角状卵形；花期6~7月，球果10月成熟。

分布 宝天曼林区；生于海拔1600m以上的山脊、山坡。

保护类别 中国种子植物特有种，河南省重点保护植物。

铁杉

Tsuga chinensis

科名 松科 Pinaceae

属名 铁杉属 *Tsuga*

形态特征 常绿乔木，树皮纵裂，一年生枝细，淡黄色；叶线形，全缘，二列，气孔带灰绿色；球果卵形，下垂，有短柄，熟时浅褐色；种鳞近圆形，苞鳞甚小，先端2裂，种子具翅；花期4月，球果10月成熟。

分布 七里沟、猴沟、红寺河、圣垛山、宝天曼林区；生长于海拔1000m以上山坡及山沟。

保护类别 中国种子植物特有种，河南省重点保护植物。

水杉
Metasequoia glyptostroboides

科名　杉科 Taxodiaceae
属名　水杉属 *Metasequoia*

形态特征　落叶乔木，树干基部常膨大，树皮灰褐色，裂成条状脱落；叶条形，交互对生，基部扭转成2列，上面淡绿色，下面色较淡，冬季与枝一同脱落；球果下垂，矩圆状球形，成熟前绿色，熟时深褐色；种鳞木质，盾形，交叉对生；种子扁平，倒卵形，周围有翅，先端有凹缺；花期2月，球果11月成熟。

分布　圣垛山、平坊林区；生长于湿润沟谷（栽培种）。

保护类别　国家Ⅰ级保护野生植物，国家珍贵树种Ⅰ级。

三尖杉

Cephalotaxus fortune

科名 三尖杉科 Cephalotaxaceae
属名 三尖杉属 *Cephalotaxus*

形态特征 常绿乔木，树皮红褐色，片状脱落；小枝对生，枝条细长，稍下垂；叶排成两列，披针状条形，微弯，气孔带白色；雄球花 8~10 聚生成头状，总花梗粗；雌球花的胚珠 3~8 枚发育成种子；种子椭圆状卵形，假种皮成熟时红紫色，顶端有小尖头；花期 4 月，种熟期次年 10 月。

分布 各个林区；生长于山沟、溪旁或林中。

保护类别 河南省重点保护植物。

粗榧
Cephalotaxus sinensis

科名 三尖杉科 Cephalotaxaceae
属名 三尖杉属 *Cephalotaxus*

形态特征 常绿小乔木，树皮灰色，片状剥落；叶线形，直伸，先端急尖，基部近圆形，几无柄，表面绿色，背面气孔带白色，较绿色边缘宽3~4倍；雄球花6~7个聚生成头状；种子通常2~5个生于总梗的上部，卵圆形，微扁；花期4月，果熟期次年9~10月。

分布 猴沟、银虎沟、五垭子、回岔沟、雷劈崖林区；生长于海拔1500m以下的山谷、溪旁。

保护类别 中国种子植物特有种，河南省重点保护植物。

红豆杉

Taxus wallichiana var. *chinensis*

科名 红豆杉科 Taxaceae
属名 红豆杉属 *Taxus*

形态特征 常绿乔木，树皮红褐色，条片脱落；大枝开展，小枝互生；叶排成2列，条形，微弯，较短，上面深绿色，下面淡黄绿色，有2条气孔带；雄球花淡黄色；种子生于杯状红色肉质的假种皮中，扁卵圆形，形似红豆；花期4~5月，果熟期9~10月。

分布 猴沟、宝天曼林区；生长于海拔1000m以上的山沟或山坡杂木林。

保护类别 国家Ⅰ级保护野生植物。

南方红豆杉

Taxus wallichiana var. *mairei*

科名 红豆杉科 Taxaceae
属名 红豆杉属 *Taxus*

形态特征 常绿乔木，树皮红褐色，条片脱落，大枝开展，小枝互生；叶排成2列，条形，宽长，弯镰状，上面深绿色，下面淡黄绿色，有2条气孔带，下面中脉带上无角质乳头状突起点；雄球花淡黄色；种子倒卵圆形，较大，微扁，种脐呈椭圆形；花期4~5月，果熟期9~10月。

分布 猴沟、宝天曼林区；生长于海拔1000m以上的山沟或山坡杂木林。

保护类别 国家Ⅰ级保护野生植物，国家珍贵树种Ⅰ级。

鹅掌楸

Liriodendron chinense

科名 木兰科 Magnoliaceae

属名 鹅掌楸属 *Liriodendron*

形态特征 落叶乔木；单叶互生，马褂状，背面密生白粉状突起，叶柄较长；花单生于枝顶，黄色杯状，雄蕊多数；聚合果纺锤形，由多数具翅小坚果组成；花期5月，果熟期9~10月。

分布 平坊林区；生长于海拔1300m的山坡（栽培种）。

保护类别 国家Ⅱ级保护野生植物，国家珍贵树种Ⅱ级。

望春玉兰
Yulania biondii

科名	木兰科 Magnoliaceae
属名	玉兰属 *Yulania*

形态特征 落叶乔木，小枝绿色，冬芽密生淡黄色丝状毛；叶矩圆状披针形，单叶全缘，先端急尖，表面无毛，背面沿脉有毛；花先叶开放，白色，大，萼片3个，线形；花瓣6个，匙形，心皮细长，花柱弯曲；聚合蓇葖果不规则圆筒形，种子深红色；花期3~4月，果熟期8~9月。

分布 红寺河、圣垛山、许窑沟、宝天曼林区；生长于山坡或山沟杂木林中。

保护类别 中国种子植物特有种，河南省重点保护植物。

武当玉兰
Yulania sprengeri

科名 木兰科 Magnoliaceae
属名 玉兰属 *Yulania*

形态特征 落叶乔木，树皮淡灰褐色，老干皮小片状脱落；单叶互生，倒卵形，先端急尖，托叶痕细小；花蕾直立，花先叶开放，杯状，有芳香，花被片外面红色，有深紫色纵纹，倒卵状匙形；聚合蓇葖果，圆柱形，成熟时褐色；花期3~4月，果熟期8~9月。

分布 宝天曼林区；生长于山沟杂木林中。

保护类别 中国种子植物特有种，河南省重点保护植物。

黄山木兰
Yulania cylindrical

科名 木兰科 Magnoliaceae
属名 玉兰属 *Yulania*

形态特征 落叶乔木，二年生枝紫褐色，无毛；单叶互生，倒披针状长圆形，先端钝尖，基部圆形，表面无毛，背面沿脉有时有毛，全缘；花单生枝顶，白色，大，萼片3个；花瓣6个，圆匙形，花丝较花药为短；聚合果圆柱形，心皮多数，木质，有小瘤状突起，种子2个；花期3~4月，果熟期8月。

分布 宝天曼、许窑沟林区；生长于山坡灌丛中。

保护类别 中国种子植物特有种，河南省重点保护植物。

凹叶厚朴

Magnolia officinalis subsp. *biloba*

科名 木兰科 Magnoliaceae

属名 北美木兰属 *Magnolia*

形态特征 落叶乔木，树皮厚，紫褐色；单叶互生，常集生枝梢，革质，狭倒卵形，先端有凹缺，基部楔形，侧脉15~25对，背面灰绿色，叶柄被白色短毛；花叶同时开放，白色，有芳香；花被片9~12个，披针状倒卵形；雄蕊多数，心皮多数，柱头尖而稍弯；聚合果圆柱状卵形，木质，有短尖头，种子倒卵形；花期5月，果熟期9月。

分布 平坊林区；生长于海拔1300m的山坡或沟谷（栽培种）。

保护类别 国家II级保护野生植物。

川桂

Cinnamomum wilsonii

科名 樟科 Lauraceae
属名 樟属 *Cinnamomum*

形态特征 常绿乔木，枝条红褐色；叶互生或近对生，革质，长卵形，表面绿色，有光泽，边缘软骨状反卷，具离基3出脉；圆锥花序腋生，花梗细，花白色，花被裂片两面疏生绢状毛；浆果球形，具宿存全缘花被管；花期6~7月，果熟期9~10月。

分布 银虎沟、猴沟林区；生长于山沟杂木林中。

保护类别 中国种子植物特有种，河南省重点保护植物。

木姜子

Litsea pungens

科名 樟科 Lauraceae
属名 木姜子属 *Litsea*

形态特征 落叶小乔木，幼枝黄绿色；叶互生，纸质，有樟脑味，常聚生于枝顶，长倒卵形，羽状脉，侧脉 5 对；花黄色，伞形花序腋生，花雌雄异株，先叶开放；雄花花被片 6，黄色，倒卵形，能育雄蕊 9，雌花细小；浆果球形，成熟时蓝黑色；花期 3~4 月，果熟期 8~9 月。

分布 宝天曼、京子垛、猴沟林区；生长于山沟溪旁或山坡疏林中。

保护类别 中国种子植物特有种。

豹皮樟

Litsea coreana var. *sinensis*

科名	樟科 Lauraceae
属名	木姜子属 *Litsea*

形态特征 常绿乔木，树皮棕灰色，小枝无毛；叶互生，革质，矩圆形，先端渐尖，基部楔形，表面绿色，有光泽，背面绿苍白色，边缘稍反卷，羽状脉，侧脉 9~10 对；雌雄异株，伞形花序腋生，花梗粗，密生长柔毛，花被片 6 个，花被和花被管密被长柔毛，能育雄蕊 9 个；果实近球形；花期 11 月，果熟期次年 5 月。

分布 猴沟、蚂蚁沟、红寺河林区；生长于海拔 600~800m 的山坡沟边。

保护类别 河南省重点保护植物。

天目木姜子
Litsea auriculata

科名	樟科 Lauraceae
属名	木姜子属 *Litsea*

形态特征 落叶乔木，树皮灰色，片状剥落，小枝紫褐色，无毛；单叶互生，基部耳形，背面网脉明显，叶柄红色；伞形花序无总梗或具短梗，先叶开花或同时开放，具花6~8朵；果椭圆形，黑色，果托杯状；花期3~4月，果熟期7~8月。

分布 蚂蚁沟林区；生长于海拔500~1000m山坡杂木林中。

保护类别 中国种子植物特有种，河南省重点保护植物。

宜昌润楠

Machilus ichangensis

科名 樟科 Lauraceae
属名 润楠属 *Machilus*

形态特征 常绿乔木，小枝细长，暗红色，无毛；叶互生，纸质，倒披针形，表面黄绿色，背面苍白色，侧脉12~17对；圆锥花序，红色总苞早落，花白色，花被片外有丝状毛；果球形，先端有突起，宿存花被片外卷；花期4月，果熟期8~9月。

分布 圣垛山林区；生长于山沟杂木林中。

保护类别 河南省重点保护植物。

闽楠
Phoebe bournei

科名 樟科 Lauraceae
属名 楠属 *Phoebe*

形态特征 常绿乔木，枝细，有纵棱脊；单叶互生，革质，披针形，先端长尖，基部楔形，表面有光泽，脉凹下，背面脉隆起，横脉很明显结成小网格状，密被弯毛；花序生于新枝中下部，圆锥花序不开展；果实卵状椭圆形，黑色；花期5月，果熟期9~10月。

分布 京子垛、宝天曼林区；生长于山沟杂木林。

保护类别 国家Ⅱ级保护野生植物，国家珍贵树种Ⅱ级，中国种子植物特有种。

簇叶新木姜子

Neolitsea confertifolia

科名 樟科 Lauraceae
属名 新木姜子属 *Neolitsea*

形态特征 常绿小乔木，树皮灰色，平滑，小枝轮生，黄褐色，花枝辐射状排列；叶聚生枝顶，轮生状，革质，矩圆形，先端急尖，基部宽楔形，边缘成微波状，表面灰绿色，背面绿苍白色，有短柔毛，羽状脉，侧脉5~6对，两面隆起；伞形花序簇生于叶腋或节间，总苞片早落；花被宽卵形，有透明点，雄蕊基部被毛；果卵圆形，黑色；花期3~4月，果熟期9~10月。

分布 红寺河、猴沟、银虎沟林区；生长于山地、灌丛及山谷密林中。

保护类别 中国种子植物特有种。

山胡椒
Lindera glauca

科名 樟科 Lauraceae
属名 山胡椒属 *Lindera*

形态特征 落叶灌木或小乔木，树皮平滑，灰白色；单叶互生，革质，宽椭圆形，先端宽急尖，基部圆形，表面暗绿色，无毛，背面苍白色，稍有白粉，具灰色柔毛，羽状脉，冬季叶枯而不落；伞形花序腋生，有3~8花，花绿黄色，花梗被柔毛；果球形，黑色，有香气；花期4月，果熟期8~9月。

分布 各林区；生长于山坡灌丛及疏林中。

三桠乌药

Lindera obtusiloba

科名 樟科 Lauraceae
属名 山胡椒属 *Lindera*

形态特征 落叶乔木，小枝黄绿色；叶互生，近圆形，先端常明显3裂，基部3出脉，具芳香味；伞形花序，雄花花被片6，能育雄蕊9；雌花花被片6，长椭圆形；子房椭圆形，花柱短；浆果红色，后变紫黑色，先端稍膨大；花期4~5月，果熟期8~9月。

分布 各林区；生长于海拔1000m以上的杂木林中。

山橿

Lindera reflexa

科名 樟科 Lauraceae

属名 山胡椒属 *Lindera*

形态特征 落叶灌木或小乔木，小枝绿色，幼时有绢状毛；单叶互生，纸质，圆卵形，先端钝，基部宽楔形，表面深绿色，无毛，背面绿苍白色，有柔毛，叶脉羽状，侧脉6对；伞形花序有短总梗，具5花，花被片黄色，有柔毛和透明腺点；果球形，黑色；花期3~4月，果熟期8~9月。

分布 五岈子、大块地、南阴坡、宝天曼林区；生长于海拔1000m上的山坡或山谷疏林中。

保护类别 中国种子植物特有种，河南省重点保护植物。

马蹄香

Saruma henryi

科名	马兜铃科 Aristolochiaceae
属名	马蹄香属 *Saruma*

形态特征 多年生草本，茎直立，具柔毛；叶互生，心脏形，膜质，先端短渐尖，基部两侧耳片圆形，边缘和两面均有柔毛，下部叶叶柄较长；花萼裂片3，半圆形，外面具毛，果时宿存并增大；花瓣3，肾状圆形，黄色；雄蕊12个，心皮6个，下部贴生于花萼，上部分离；果熟时革质，沿腹缝线裂开，种子卵形，先端尖，具明显的横皱纹；花期6~7月，果熟期7~8月。

分布 猴沟、蚂蚁沟林区；生长于海拔1000m以上的山坡或山沟林下阴湿处。

保护类别 国家Ⅱ级保护野生植物，中国种子植物特有种。

五味子
Schisandra chinensis

科名	五味子科 Schisandraceae
属名	五味子属 *Schisandra*

形态特征 落叶藤本，小枝灰褐色，稍有棱；单叶互生，宽椭圆形，先端急尖，基部楔形，边缘疏生具腺细齿，表面光滑，背面幼时脉上有短柔毛；花单生或簇生于叶腋，花被片6~9个，乳白或粉红色，芳香；雄蕊5个，雌花心皮17~40个，生于花后伸长的花托上，果时成穗状聚合果；浆果球形，深红色；花期5~6月，果熟期7~10月。

分布 各林区；生长于山坡或山沟林中。

华中五味子

Schisandra sphenanthera

科名 五味子科 Schisandraceae
属名 五味子属 *Schisandra*

形态特征 落叶藤本，枝细长，红褐色，有皮孔；单叶互生，椭圆形，先端渐尖，基部楔形或圆形，边缘有疏齿；花单生或2个生于叶腋，橙黄色；花被片5~9个，2~3轮，雄蕊10~15个，雌花心皮30~50个；穗状聚合果，浆果红色；花期5月，果熟期8~9月。

分布 各林区；生长于山沟或山坡湿润杂木林中。

保护类别 中国种子植物特有种。

大麻叶乌头

Aconitum cannabifolium

科名 毛茛科 Ranunculaceae
属名 乌头属 Aconitum

形态特征 多年生草本，茎缠绕；叶互生，草质，五角形，三全裂，全裂片具细长柄，侧全裂片不等二裂常达基部，有短柄，叶柄比叶片短；总状花序有 3~6 花，苞片小，线形，小苞片生花梗下部；萼片淡绿带紫色，外面被短毛，上萼片高盔形，下缘稍凹；花瓣无毛，向后弯曲；蓇葖果，种子狭三棱形，只在一面密生鳞状横翅；花期 8~9 月，果熟期 9~10 月。

分布 各林区；生长于 1000m 以上山坡灌丛或山谷溪旁和疏林。

保护类别 中国种子植物特有种。

高乌头

Aconitum sinomontanum

科名	毛茛科 Ranunculaceae
属名	乌头属 *Aconitum*

形态特征 多年生草本，具直根；基生叶 1 个，茎生叶 4~6 个，散生，肾圆形，3 深裂，中间裂片菱形，侧生裂片较大，不等地 3 裂，基生叶与茎下部叶具长柄；总状花序，密生反曲的微柔毛，萼片 5，蓝紫色，上萼片圆筒形；蓇葖果；花期 6~7 月，果熟期 8~9 月。

分布 野獐、猴沟、蚂蚁沟、七里沟林区；生长于海拔 1000m 以上的山谷溪旁或山坡林下腐殖质土上。

保护类别 中国种子植物特有种。

川鄂乌头
Aconitum henryi

科名	毛茛科 Ranunculaceae
属名	乌头属 *Aconitum*

形态特征 多年生缠绕草本，块根倒圆锥形，茎幼时具柔毛；茎中部叶卵状五角形，3全裂，中间裂片披针形，先端渐尖，边缘疏生粗牙齿，侧生裂片不等地2裂；花序有3~6朵花，花序轴及花梗有白色柔毛，萼蓝色，5枚，上萼片高盔形，有毛，具尖喙，花瓣2个，雄蕊多数，心皮3个；蓇葖果3个；花期7~9月，果熟期8~10月。

分布 宝天曼、红寺河林区；生长于1000m以上山地灌丛或杂木林中。

保护类别 中国种子植物特有种。

纵肋人字果

Dichocarpum fargesii

科名 毛茛科 Ranunculaceae
属名 人字果属 *Dichocarpum*

形态特征 多年生草本，根须状，肉质，全株无毛；叶基生或茎生，基生叶为二回鸟趾状复叶，具长柄，茎生叶叶柄渐短，侧生一回指片具2个不等的小叶；聚伞花序，花梗细长，花白色，心皮2个，基部连合；两蓇葖果成钝角开展；花期5~6月，果熟期7~8月。

分布 宝天曼、红寺河林区；生长于山谷林下阴湿处。

保护类别 中国种子植物特有种。

华北耧斗菜
Aquilegia yabeana

科名 毛茛科 Ranunculaceae
属名 耧斗菜属 *Aquilegia*

形态特征 多年生草本，无毛；基生与茎生下部叶有长柄，两回三出复叶，小叶阔楔形，背面具细茸毛，茎上部叶较小，长3小叶，柄短；花大，下垂，蓝紫色，萼片5，花瓣向后延伸成先端略膨大并内弯呈钩状的距；心皮5；蓇葖果密生细毛；花期4~5月，果熟期6月。

分布 各林区；生长于山坡草地、山沟沟、溪旁、林下及林缘等处。

保护类别 中国种子植物特有种。

粗齿铁线莲

Clematis grandidentata

科名 毛茛科 Ranunculaceae
属名 铁线莲属 *Clematis*

形态特征 落叶藤本，小枝褐色，密生短柔毛；奇数羽状复叶，小叶5，卵形，边缘上部具少数粗牙齿，背面有短柔毛，叶柄密生短柔毛；腋生聚伞花序具3~5花，萼片4，白色展开，矩圆形；瘦果卵形，有柔毛；花期5~9月，果熟期8~10月。

分布 红寺河、猴沟、银虎沟、回岔、蚂蚁沟、许窑沟林区；生长于山坡灌丛、林缘或杂木林中。

保护类别 中国种子植物特有种。

太行铁线莲
Clematis kirilowii

科名 毛茛科 Ranunculaceae
属名 铁线莲属 *Clematis*

形态特征 落叶藤本，茎具纵沟；一至二回羽状复叶，基部一对小叶常2~3浅裂，茎基部一对为三出叶，小叶片革质，卵形，全缘，两面网脉突出，沿叶脉疏生短柔毛；聚伞花序，萼片5，白色，开展，两面无毛；瘦果卵形，扁，具柔毛；花期7~8月，果熟期9~10月。

分布 京子垛、宝天曼、平坊林区；生长于山坡、林缘或疏林中。

保护类别 中国种子植物特有种。

大花绣球藤
Clematis montana var. *longipes*

科名 毛茛科 Ranunculaceae
属名 铁线莲属 *Clematis*

形态特征 落叶藤本，茎圆柱形，有纵条纹；三出复叶，数叶与花簇生或对生，小叶片长圆状椭圆形，叶缘疏生粗锯齿；花1~6朵与叶簇生，花大，萼片长圆形，顶端圆钝，外面沿边缘密生短茸毛；瘦果扁，卵形，无毛；花期5~8月，果熟期7~8月。

分布 宝天曼、平坊林区；生长于山坡、山谷灌丛中、林边或沟旁。

西南唐松草
Thalictrum fargesii

科名 毛茛科 Ranunculaceae
属名 唐松草属 *Thalictrum*

形态特征 多年生草本，茎无毛，具棱；二回羽状三出复叶，向上逐渐缩小成单叶，具长柄；单歧聚伞花序生于分枝顶端；萼片4，花瓣状，白色；无花瓣，花丝紫红色，棒状；瘦果纺锤形，具8~9条棱；花期4~5月，果熟期6~7月。

分布 蚂蚁沟、宝天曼林区；生长于海拔1000m以上的山谷水边、山坡草地及林下。

保护类别 中国种子植物特有种。

大叶唐松草

Thalictrum faberi

科名 毛茛科 Ranunculaceae
属名 唐松草属 *Thalictrum*

形态特征 多年生草本，茎无毛；茎下部叶为二至三回三出复叶，小叶宽卵形，先端尖，背面脉隆起，无毛；茎上部叶为一至二回三出复叶，小叶较小；圆锥花序，花白色，萼片椭圆形；瘦果狭卵形，具8条纵肋，宿存花柱拳卷；花期6~7月，果熟期8月。

分布 各林区；生长于山坡或山沟杂木林中。

保护类别 中国种子植物特有种。

长喙唐松草

Thalictrum macrorhynchum

科名	毛茛科 Ranunculaceae
属名	唐松草属 *Thalictrum*

形态特征 多年生草本，根簇状，肉质，茎直立，无毛，具纵条纹；三回三出羽状复叶，茎上部为二回羽状三出复叶，叶柄粗短，基部具膜质托叶；小叶片椭圆形，全缘，先端3浅裂；聚伞花序，花白色，萼片4个；雄蕊多数，心皮多数；瘦果纺锤形，具9~11条肋纹，先端具细长而向外侧卷曲的喙；花期5~6月，果熟期7~8月。

分布 宝天曼、猴沟、七里沟林区；生长于海拔1000m以上的山谷、山坡或林下。

保护类别 中国种子植物特有种。

鹅掌草

Anemone flaccida

科名 毛茛科 Ranunculaceae
属名 银莲花属 Anemone

形态特征 多年生草本，根状茎圆柱形，节密集；基生叶1~2个，有长柄，五角形，3全裂；花葶只在上部有疏柔毛；苞片3，似基生叶，无柄，不等大，3深裂；萼片5，白色，倒卵形，顶端钝，外面有疏柔毛；瘦果近卵形；花期4月，果熟期5~6月。

分布 宝天曼、牧虎顶林区；生长于山坡林下或山谷溪旁。

大火草

Anemone tomentosa

科名 毛茛科 Ranunculaceae
属名 银莲花属 *Anemone*

形态特征 多年生草本；三出复叶，基生叶 3~4 片，叶背面密被白色厚茸毛；聚伞花序；萼片 5，淡粉红色，倒卵形；无花瓣，雄蕊多数；心皮多数；聚合瘦果球形，密被绵毛；花期 7~9 月，果熟期 8~10 月。

分布 各林区；生长于山坡草地、灌丛或山谷溪旁。

保护类别 中国种子植物特有种。

川鄂小檗
Berberis henryana

科名 小檗科 Berberidaceae
属名 小檗属 *Berberis*

形态特征 落叶灌木，枝红褐色，茎刺1~3叉；单叶互生或短枝上簇生，坚纸质，椭圆形，先端圆钝，基部楔形，边缘有刺状细锯齿，背面有白粉；总状花序，花黄色，萼片倒卵形，排列成2轮；花瓣矩圆状倒卵形，先端锐裂；子房有胚珠2个；浆果椭圆形，红色，顶端具宿存花柱；花期4~5月，果熟期8~9月。

分布 各林区；生长于山坡灌丛及疏林中。

保护类别 中国种子植物特有种。

短柄小檗

Berberis brachypoda

科名 小檗科 Berberidaceae
属名 小檗属 *Berberis*

形态特征 落叶灌木，幼枝具条棱，茎刺三分叉；单叶互生或短枝上簇生，厚纸质，椭圆形，上面暗绿色，有折皱，疏被短柔毛，背面黄绿色，脉上密被长柔毛，叶柄短且被柔毛；穗状总状花序，密生多花，花序梗无毛，花淡黄色，小苞片红色，2 轮 4 枚；萼片 3 轮，边缘具短毛；花瓣椭圆形，基部缢缩呈爪，具 2 枚分离腺体；浆果长圆形，鲜红色，顶端具宿存花柱，不被白粉；花期 4~5 月，果熟期 8~9 月。

分布 京子垛、宝天曼林区；生长于山坡灌丛或山谷溪旁。

保护类别 中国种子植物特有种。

秦岭小檗
Berberis circumserrata

科名 小檗科 Berberidaceae
属名 小檗属 *Berberis*

形态特征 落叶灌木,枝灰黄色,刺粗壮,三分叉;单叶互生或小枝簇生,叶矩圆形,基部渐狭成柄,边缘有刺尖细齿,背面灰色,有白粉;花2~5个簇生,花黄色,花瓣倒卵形,先端全缘;浆果红色;花期4~5月,果熟期8~9月。

分布 五垭子、大块地、南阴坡、宝天曼林区;生于山坡灌木林中或林缘。

保护类别 中国种子植物特有种。

阔叶十大功劳

Mahonia bealei

科名 小檗科 Berberidaceae
属名 十大功劳属 *Mahonia*

形态特征 常绿灌木，全株无毛；奇数羽状复叶，有叶柄，小叶厚革质，侧生小叶无柄，卵形；顶生小叶较大，有柄，每边有 2~8 个刺锯齿，边缘反卷，表面蓝绿色，背面黄绿色；总状花序直立，6~9 个簇生，花褐黄色；萼 3 轮，花瓣状；花瓣 6 个，较内轮萼片小；浆果卵形，有白粉，暗蓝色；花期 6~7 月，果熟期 9~10 月。

分布 南阴坡、圣垛山林区；生长于山坡灌丛中。

保护类别 中国种子植物特有种。

淫羊藿
Epimedium brevicornu

科名	小檗科 Berberidaceae
属名	淫羊藿属 *Epimedium*

形态特征 多年生草本，根状茎短，质硬，多须根；基生叶1~3个，三出复叶，小叶卵状披针形，基部箭形，侧生小叶呈不对称心脏形浅裂，边缘具细刺毛状锯齿，叶柄较长；总状花序顶生，花多数，萼片2轮，外轮较小，外面有紫色斑点，内轮白色，花瓣4个，黄色；果椭圆形；花期4~5月，果熟期5~6月。

分布 宝天曼、银虎沟、猴沟、蚂蚁沟林区；生长于山沟阴湿处或山坡林下。

三叶木通
Akebia trifoliate

科名	木通科 Lardizabalaceae
属名	木通属 *Akebia*

形态特征 落叶藤本，长短枝，无毛；小叶3个，卵圆形，先端钝圆，基部圆形，边缘浅裂或呈波状，侧脉5~6对，叶柄细瘦；总状花序腋生，雄花生于上部，雄蕊6个；雌花生于下部，萼片紫色，花瓣状；果肉质，长卵形，成熟后沿腹缝线开裂；种子多数，卵形，黑色；花期4~5月，果熟期8~9月。

分布 各林区；生长于山坡、沟谷林中或灌丛中。

鹰爪枫

Holboellia coriacea

科名	木通科 Lardizabalaceae
属名	八月瓜属 *Holboellia*

形态特征 常绿藤本，幼枝细，紫色；小叶3个，矩圆状倒卵形，厚革质，先端渐尖，基部楔形，表面深绿色，有光泽，背面浅黄绿色，全缘，无毛；雄花白色，萼片6个，长椭圆形，先端钝，雄蕊6个；雌花紫色；果矩圆形，肉质，紫色；种子多数，黑色，近圆形，扁；花期4~5月，果熟期8~9月。

分布 银虎沟、蚂蚁沟、五垭子、红寺河林区；生长于山坡或山谷杂木林中。

保护类别 中国种子植物特有种。

木防己

Cocculus orbiculatus

科名 防己科 Menispermaceae
属名 木防己属 *Cocculus*

形态特征 落叶木质藤本，小枝密生柔毛，具条纹；单叶互生，纸质，两面有柔毛；聚伞花序腋生，花淡黄色，雄花萼片与花瓣各6；雌花有退化雄蕊6，心皮6，离生；核果近球形，蓝黑色；花期5~6月，果熟期8~9月。

分布 各林区；生长于向阳山坡、路旁、灌丛中。

四川清风藤
Sabia schumanniana

科名	清风藤科 Sabiaceae
属名	清风藤属 *Sabia*

形态特征 落叶攀援木质藤本，小枝绿色，无毛；叶互生，膜质，长椭圆状披针形，先端渐尖，基部宽楔形，边缘白色，全缘，两面无毛；花钟形，花梗纤细，由3~6朵组成聚伞花序、腋生，萼5深裂，花瓣5个，绿色，雄蕊5个，与花瓣等长而对生；核果，球形，蓝色，具粗网纹；花期5~6月，果熟期8~9月。

分布 圣垛山、蚂蚁沟林区；生长于山沟或山坡杂灌木林中。

保护类别 中国种子植物特有种。

珂楠树

Meliosma alba

科名 清风藤科 Sabiaceae
属名 泡花树属 *Meliosma*

形态特征 落叶乔木，幼枝被锈色茸毛；奇数羽状复叶，小叶 5~13 个，对生或近对生，卵形，边缘具稀疏的细缺刻状锯齿，表面深绿色，近无毛，背面浅绿色，疏生柔毛，脉腋生有黄色髯毛，侧脉 8~10 对；圆锥花序腋生，花白色，密生锈色长柔毛，萼片 4 个，卵形，有缘毛，花瓣 5 个，花盘杯状，膜质；果实球形，黑色；花期 5~6 月，果熟期 8~9 月。

分布 蚂蚁沟、回岔沟、五垭子、圣垛山林区；生长于山谷疏林中。

保护类别 河南省重点保护植物。

垂枝泡花树

Meliosma flexuosa

科名 清风藤科 Sabiaceae
属名 泡花树属 *Meliosma*

形态特征 落叶小乔木；单叶互生，膜质，倒卵形，先端渐尖，边缘具粗锯齿，两面疏被短柔毛，侧脉12~18对，叶柄上具宽沟，基部膨大包裹腋芽；圆锥花序顶生，向下弯垂，花白色，萼片5；核果近卵形，核极扁斜，具明显凸起细网纹；花期5~6月，果熟期8~9月。

分布 京子垛、宝天曼、猴沟林区；生长于湿润山谷、溪旁杂木林。

保护类别 中国种子植物特有种。

泡花树

Meliosma cuneifolia

科名 清风藤科 Sabiaceae

属名 泡花树属 *Meliosma*

形态特征 落叶小乔木,枝有白色皮孔;单叶互生,纸质,倒卵形,边缘具粗尖锯齿,表面绿色,粗糙,背面灰绿色,密生短柔毛,脉隆起,腋生簇毛,侧脉18~20对,直达齿端;圆锥花序顶生或腋生,花小,苞片小,三角形,萼片4个,卵圆形,具缘毛,花瓣5个;核果,球形,熟时黑色;花期5~6月,果熟期8~9月。

分布 蚂蚁沟、红寺河、猴沟、宝天曼林区;生长于海拔1000m以上的山坡或溪边杂木林中。

保护类别 中国种子植物特有种。

暖木

Meliosma veitchiorum

科名 清风藤科 Sabiaceae
属名 泡花树属 *Meliosma*

形态特征 落叶乔木，树皮灰色，不规则薄片状脱落，柔软，小枝具粗大叶痕；奇数羽状复叶，叶柄发红，小叶 7~11 枚对生，卵形，基部圆钝，偏斜，全缘或有粗锯齿；圆锥花序顶生，直立，花白色；核果近球形，中肋显著隆起；花期 5 月，果熟期 9~10 月。

分布 宝天曼、牧虎顶、红寺河、蚂蚁沟、京子垛、猴沟林区；生长于海拔 1000m 以上的山谷杂木林中。

保护类别 中国种子植物特有种，河南省重点保护植物。

小果博落回

Macleaya microcarpa

科名 罂粟科 Papaveraceae
属名 博落回属 *Macleaya*

形态特征 多年生草本，茎基部木质化，有白粉，具黄色乳汁；叶互生，卵圆状心脏形，掌状分裂，边缘具粗齿，表面浅黄色，背面具白粉；圆锥花序顶生，萼片2，花瓣状，黄绿色，花开而落；蒴果圆形，种子1枚；花期6~7月，果熟期7~8月。

分布 各林区；生长于低山、河边、沟岸、路旁等地。

保护类别 中国种子植物特有种。

延胡索

Corydalis yanhusuo

科名 罂粟科 Papaveraceae
属名 紫堇属 *Corydalis*

形态特征 多年生草本，块茎球形；在基部之上生 1 鳞片，其上生 3~4 个叶，叶三角形，二回三出全裂，二回裂片近无柄；总状花序，苞片卵形，萼片极小，早落；花瓣紫红色，下面花瓣基部具浅囊张突起；蒴果线形；花期 4 月，果熟期 5 月。

分布 各林区；生长于山坡、草地、灌丛等潮湿地。

小药八旦子
Corydalis caudate

科名	罂粟科 Papaveraceae
属名	紫堇属 *Corydalis*

形态特征 多年生草本，块茎圆球形；叶2回三出，具细长的叶柄和小叶柄，小叶圆形，有时浅裂，下部苍白色；总状花序具3~8花，疏离，苞片卵圆形，花梗明显长于苞片；花蓝色，距圆筒形，弧形上弯；蒴果卵圆形，具4~9枚种子，种子光滑，具狭长的种阜；花期4~5月，果熟期5~6月。

分布 宝天曼、红寺河林区；生长于海拔1000m以上的山坡或林缘。

保护类别 中国种子植物特有种。

连香树

Cercidiphyllum japonicum

科名 连香树科 Cercidiphyllaceae

属名 连香树属 *Cercidiphyllum*

形态特征 落叶乔木，树皮灰色，小枝无毛，短枝在长枝上对生；单叶对生，纸质，边缘有圆钝锯齿，掌状脉7条直达边缘，背面粉白色；花先叶开放，雄花常4朵丛生，近无梗，雌花苞片在花期红色；蓇葖果2~4个，荚果状，褐色，微弯曲；种子卵形褐色，先端有透明翅；花期4月，果熟期9~10月。

分布 猴沟、红寺河林区；生长于海拔1000m以上的山谷杂木林中。

保护类别 国家II级保护野生植物。

领春木

Euptelea pleiosperma

科名	领春木科 Eupteleaceae
属名	领春木属 *Euptelea*

形态特征 落叶乔木，小枝暗灰褐色，无毛；单叶互生，卵形，先端渐尖，基部楔形，边缘具疏锯齿，两面无毛，侧脉 6~11 对；花 6~12 朵簇生，早春叶先开放；翅果，棕色，扁平；种子 1~2 枚，卵形，黑色；花期 3~4 月，果熟期 6~7 月。

分布 京子垛、宝天曼林区；生长于海拔 1000m 以上的山谷杂木林中。

保护类别 河南省重点保护植物。

牛鼻栓

Fortunearia sinensis

科名 金缕梅科 Hamamelidaceae
属名 牛鼻栓属 *Fortunearia*

形态特征 落叶灌木或小乔木，小枝密生星状柔毛；单叶互生，倒卵形，边缘有波状齿，表面无毛，背面沿脉有星状毛；总状花序，萼筒倒圆锥形，裂片5；蒴果2瓣裂，卵圆形，褐色，被皮孔；种子棕褐色，有光泽；花期4~5月，果熟期7~8月。

分布 各林区；生长于海拔1000m以下的山坡或山谷杂木林中。

保护类别 中国种子植物特有种。

山白树

Sinowilsonia henryi

科名 金缕梅科 Hamamelidaceae
属名 山白树属 *Sinowilsonia*

形态特征 落叶乔木；单叶互生，纸质，倒卵形，边缘生细小锯齿，下面有柔毛；雄花总状花序，萼筒极短，雄蕊近无柄；雌花穗状花序，基部有叶1或2，萼筒壶形，有星毛，子房上位，有星毛；蒴果无柄，有毛，为宿存萼包围，种子黑色；花期5月，果熟期8月。

分布 各林区；生长于海拔1200m以上的山沟或山坡杂木林中。

保护类别 中国种子植物特有种，河南省重点保护植物。

水丝梨
Sycopsis sinensis

科名 金缕梅科 Hamamelidaceae
属名 水丝梨属 *Sycopsis*

形态特征 落叶小乔木，树皮灰褐色；单叶互生，革质，椭圆状卵形，先端尖，边缘中部以上疏生细齿，表面深绿色，幼时贴生星散的鳞片状毛，后无毛，托叶披针形；头状花序腋生，花 8~12 朵聚成，雄花萼片小型，外面被褐色柔毛，雌花萼坛状，密生星状柔毛；蒴果卵形，被柔毛；花期 4~5 月，果熟期 9~10 月。

分布 许窑沟、圣垛山林区；生长于海拔 1000m 以上的山沟杂木林中。

保护类别 中国种子植物特有种。

杜仲

Eucommia ulmoides

科名 杜仲科 Eucommiaceae
属名 杜仲属 *Eucommia*

形态特征 落叶乔木,树皮折断拉开有细丝;单叶互生,椭圆形,薄革质,边缘有锯齿,侧脉6~9对;雌雄异株,雄花无花被,雌花具2叉状花柱;翅果扁平,长椭圆形,先端有凹口,果核位于中央;花期4月,果熟期9~10月。

分布 野獐、蚂蚁沟、猴沟、许窑沟、南阴坡、红寺河林区;生长于山坡或山沟土层较厚处(栽培或野生种)。

保护类别 国家珍贵树种II级,中国种子植物特有种,河南省重点保护植物。

大果榆
Ulmus macrocarpa

科名 榆科 Ulmaceae
属名 榆属 *Ulmus*

形态特征 落叶乔木或灌木，枝具木栓翅，小枝有粗毛；单叶互生，宽卵形，厚革质，先端短尾状，基部偏斜，边缘具重锯齿，侧脉8~16对；花簇生于上一年年生枝叶腋；翅果倒卵形，两面和边缘有毛，基部突窄成细柄，种子位于中部；花期3~4月；果熟期4~5月。

分布 各林区；生长于山坡或山沟。

兴山榆
Ulmus bergmanniana

科名 榆科 Ulmaceae
属名 榆属 *Ulmus*

形态特征 落叶乔木，树皮深灰色，纵裂，粗糙，小枝无木栓翅；单叶互生，长圆状椭圆形，先端渐尖，基部楔形，偏斜，侧脉 17~23 对，边缘具重锯齿，背面仅脉腋有簇毛；翅果倒卵状圆形，基部楔形，无毛，种子位于中部；花期 3~4 月，果熟期 5 月。

分布 各林区；生长于 600~1500m 的山坡或山谷杂木林中。

保护类别 中国种子植物特有种。

大叶榉树
Zelkova schneideriana

科名	榆科 Ulmaceae
属名	榉属 *Zelkova*

形态特征 落叶乔木，树皮平滑，小枝具灰白色柔毛；单叶互生、卵形、厚纸质，先端渐尖，基部偏斜，边缘具钝锯齿，背面密生柔毛，侧脉7~15对；花单性，雌雄同株；核果上部偏斜，无柄；花期4月，果熟期10月。

分布 各林区；生长于山坡、丘陵或山谷疏林中。

保护类别 国家Ⅱ级保护野生植物，国家珍贵树种Ⅱ级，中国种子植物特有种。

大果榉
Zelkova sinica

科名 榆科 Ulmaceae
属名 榉属 *Zelkova*

形态特征 落叶乔木，树皮块状剥落，小枝无毛；单叶互生，卵形，先端尖，基部圆形，边缘锯齿钝尖，背面脉腋有簇毛，侧脉7~10对，叶柄密生柔毛；核果较大，单生叶腋，几无柄，斜三角状，无毛，不具突起的网肋；花期4月，果熟期10月。

分布 红寺河、银虎沟、猴沟、七里沟、许窑沟、蚂蚁沟、回岔沟、圣垛山林区；生长于山坡、丘陵。

保护类别 中国种子植物特有种，河南省重点保护植物。

青檀

Pteroceltis tatarinowii

科名	榆科 Ulmaceae
属名	青檀属 *Pteroceltis*

形态特征 落叶乔木，树皮片状剥落；单叶互生，宽卵形，先端渐尖，基部不对称，边缘具不整齐锯齿，基部3出脉，脉腋有簇毛；花单性同株；翅果状坚果近圆形，翅宽，稍木质，果柄细；花期4~5月，果熟期9~10月。

分布 各林区；生长于山谷溪流两岸或岩石附近。

保护类别 中国种子植物特有种，河南省重点保护植物。

紫弹树

Celtis biondii

科名 榆科 Ulmaceae
属名 朴属 *Celtis*

形态特征 落叶乔木，小枝密生柔毛；单叶互生，卵形，先端急尖，基近圆形，不对称，边缘中部以上具钝锯齿，托叶条状披针形，被毛；核果2~3个腋生，橙红色，近球形，果柄有毛，果核有网纹和脊棱；花期4月，果熟期8~9月。

分布 南阴坡、万沟、葛条爬、圣垛山林区；生长于山坡、林缘沟或溪边疏林。

大叶朴

Celtis koraiensis

科名 榆科 Ulmaceae
属名 朴属 *Celtis*

形态特征 落叶乔木，树皮暗灰色，浅裂；单叶互生，椭圆形，基部稍不对称，先端具尾状长尖，常由平截状先端伸出，边缘具粗锯齿，两面无毛；果单生叶腋，近球形，橙黄色，果核凹凸不平；花期4~5月，果熟期9~10月。

分布 各林区；生长于山坡或山沟杂木林中。

珊瑚朴
Celtis julianae

科名	榆科 Ulmaceae
属名	朴属 *Celtis*

形态特征 落叶乔木，树皮灰色，平滑，小枝密生黄色毛；叶互生，宽卵形，先端短渐尖，背面黄绿色，密被黄色茸毛，边缘中部以上有钝齿，叶柄粗壮且密生黄色茸毛；核果橘红色，卵球形，无毛，果核有不明显的凹穴和突肋；花期3~4月，果熟期8~9月。

分布 圣垛山、野獐林区；生长于山坡、山谷疏林中或林缘。

保护类别 中国种子植物特有种。

葎草
Humulus scandens

科名 大麻科 Cannabaceae
属名 葎草属 *Humulus*

形态特征 一年生缠绕藤本，茎、枝、叶柄均具倒钩刺；叶对生，掌状5~7深裂，表面粗糙；雄花小，黄绿色，圆锥花序；雌花序球果状，苞片具白色茸毛；子房被苞片包围，柱头2，伸出苞片外；瘦果成熟时露出苞片外；花期6~8月，果熟期7~9月。

分布 各林区；生长于沟边、路旁和荒地。

异叶榕
Ficus heteromorpha

科名	桑科 Moraceae
属名	榕属 *Ficus*

形态特征 落叶灌木或小乔木；单叶互生，多形，常全缘，先端渐尖或尾状，基部圆形或心形，表面略粗糙；托叶披针形；榕果成对生于短枝叶腋，成熟时紫黑色，雄花和瘿花生于同一榕果中；瘦果光滑；花期6~7月，果熟期8~9月。

分布 各林区；生长于山谷或山坡林中。

桑
Morus alba

科名 桑科 Moraceae
属名 桑属 *Morus*

形态特征 落叶乔木，树皮黄褐色，浅裂；单叶互生，卵形或广卵形，先端尖，基部圆形至浅心形，边缘锯齿粗钝，表面无毛，脉腋有簇毛；花雌雄异株，成腋生穗状花序；聚花果卵状椭圆形，紫黑色或白色；花期4月，果熟期6~7月。

分布 各林区；生长于山坡疏林。

鸡桑
Morus australis

科名 桑科 Moraceae
属名 桑属 *Morus*

形态特征 落叶灌木或小乔木，树皮灰褐色，长纵裂；单叶互生，卵形，先端急尖或渐尖，基部楔形或心形，边缘具粗锯齿，不分裂或 3~5 裂，表面粗糙，密生短刺毛，背面疏被粗毛；雄花绿色，具短梗，花被片卵形，花药黄色；雌花序球形，密被白色柔毛，花柱很长，柱头 2 裂；聚花果短椭圆形，暗紫色；花期 4~5 月，果熟期 6~7 月。

分布 各林区；生长于山坡灌丛或疏林中。

构树

Broussonetia papyrifera

科名 桑科 Moraceae
属名 构属 *Broussonetia*

形态特征 落叶乔木,含乳汁,小枝密生柔毛;叶互生,螺旋状排列,边缘具粗齿,不分裂或 3~5 裂,表面粗糙;花雌雄异株,雄花序为柔荑花序,雌花花被 4 裂,雄蕊 4,雌花序球形头状;聚花果肉质,小核果橙红色;花期 3~4 月,果熟期 8~9 月。

分布 各林区;生长于沟边、路边或荒地。

苎麻
Boehmeria nivea

科名 荨麻科 Urticaceae
属名 苎麻属 *Boehmeria*

形态特征 落叶亚灌木，茎多分枝，密生粗长毛；叶互生，草质，圆卵形，先端骤尖，基部截形，边缘密生粗钝齿，背面灰白色柔毛；花雌雄同株，花序圆锥状，雄花序位于雌花序之下，雄花小，雌花簇球形；瘦果小，椭圆形，光滑，宿存柱头丝状；花期5~6，果熟期9月。

分布 各林区；生长于山沟和路旁潮湿处。

青钱柳
Cyclocarya paliurus

科名 胡桃科 Juglandaceae
属名 青钱柳属 *Cyclocarya*

形态特征 落叶乔木，树皮灰色，枝条黑褐色，具灰黄色皮孔；奇数羽状复叶，7~9小叶，小叶纸质，基部歪斜，叶缘具锐锯齿，侧脉10~16对，上面被有腺体；柔荑花序，雌性花序单独顶生，花序轴密被短柔毛；果实扁球形，密被短柔毛，果实中部有革质圆盘状翅，果实及果翅全部被有腺体；花期4~5月，果熟期7~9月。

分布 京子垛、宝天曼林区；生长于山谷杂木林中。

保护类别 中国种子植物特有种，河南省重点保护植物。

化香树
Platycarya strobilacea

科名	胡桃科 Juglandaceae
属名	化香树属 *Platycarya*

形态特征 落叶小乔木，树皮灰色，二年生枝条暗褐色，具皮孔；奇数羽状复叶，小叶 7~23 枚，基部歪斜，边缘有锯齿，顶生小叶具小叶柄；两性花序和雄花序在小枝顶端排列成伞房状花序束，中央顶端有 1 条两性花序；雄花序 3~8 条，位于两性花序下方四周；果序卵状椭圆形，宿存苞片木质，略具弹性；果实小坚果状，两侧具狭翅；种子卵形，种皮黄褐色，膜质；花期 5~6 月，果熟期 7~8 月。

分布 各林区；生长于山坡。

枫杨
Pterocarya stenoptera

| 科名 | 胡桃科 Juglandaceae |
| 属名 | 枫杨属 *Pterocarya* |

形态特征 落叶乔木，小枝灰褐色，具灰黄色皮孔；羽状复叶，叶轴具翅，小叶无叶柄近对生，10~16 枚，长椭圆形，基部歪斜，边缘有细锯齿；柔荑花序，雄性单独生于上一年枝条叶痕腋内，雌性柔荑花序顶生；果序长 20~45cm，果实长椭圆形，果翅条形，具平行脉；花期 4~5 月，果熟期 8~9 月。

分布 各林区；生长于山沟、溪旁及河滩低湿处。

胡桃楸

Juglans mandshurica

科名	胡桃科 Juglandaceae
属名	胡桃属 *Juglans*

形态特征 落叶乔木，树皮灰色，具浅纵裂；奇数羽状复叶，小叶 15~23 枚，侧生小叶对生，无柄，先端渐尖，基部歪斜，截形；雄性柔荑花序轴被短柔毛，雌性穗状花序具 4~10 雌花，花序轴被茸毛；果序俯垂，具 5~7 果实；果实卵状，顶端尖，密被腺质短柔毛；果核表面具 8 条纵棱，2 条较显著；花期 5 月，果熟期 8~9 月。

分布 各林区；生长于山谷及山坡疏林中。

保护类别 国家珍贵树种 II 级，河南省重点保护植物。

胡桃

Juglans regia

科名 胡桃科 Juglandaceae
属名 胡桃属 *Juglans*

形态特征 落叶乔木，树皮灰白色，浅纵裂，枝条髓部片状；奇数羽状复叶，小叶 5~9 个，椭圆状卵形，顶生小叶通常较大，表面深绿色，无毛，小叶柄极短；雄柔荑花序，萼 3 裂，雌花 1~3 朵聚生，花柱短且 2 裂，赤红色；果实球形，灰绿色，幼时具腺毛，老时无毛；内部坚果球形，黄褐色，表面有不规则槽纹；花期 3~4 月，果熟期 8~9 月。

分布 各林区；生长于山坡（栽培种）。

茅栗

Castanea seguinii

科名 壳斗科 Fagaceae
属名 栗属 *Castanea*

形态特征 落叶小乔木或灌木，小枝暗褐色，无毛；单叶互生，长椭圆形，顶部渐尖，基部楔尖（嫩叶）或耳垂状（成长叶），边缘疏生刺状尖齿，侧脉 10~18 对，背面无毛；总苞球形，密生针刺，成熟时 4 裂，通常有 8 个坚果；坚果近球形，褐色；花期 4~5 月，果熟期 9~10 月。

分布 各林区；生长于向阳山坡或山谷。

保护类别 中国种子植物特有种。

栓皮栎

Quercus variabilis

科名　壳斗科 Fagaceae
属名　栎属 *Quercus*

形态特征　落叶乔木，树皮黑褐色，深纵裂，木栓层发达；单叶互生，卵状披针形或椭圆形，先端渐尖，基部圆形或宽楔形，叶缘具刺芒状锯齿，叶背密被灰白色星状茸毛，侧脉13~18对，直达齿端；壳斗碗形，鳞片锥形，反曲，有毛；坚果卵圆形，2/3包于壳斗中；花期4~5月，果熟期次年9~10月。

分布　各林区；生长于1200m以下向阳山坡。

麻栎
Quercus acutissima

科名	壳斗科 Fagaceae
属名	栎属 *Quercus*

形态特征 落叶乔木，树皮深灰褐色，粗糙；单叶互生，卵状披针形，先端渐尖，基部圆形或宽楔形，叶缘有刺芒状锯齿，叶片两面同色；壳斗碗形，鳞片锥形，反曲，有毛；坚果卵状长圆柱形，褐色，一半以上包于壳斗中，顶端圆形，果脐突起；花期4~5月，果熟期次年9~10月。

分布 各林区；生长于海拔1000m以下的山坡或山沟。

枹栎

Quercus serrata var. *brevipetiolata*

| 科名 | 壳斗科 Fagaceae |
| 属名 | 栎属 *Quercus* |

形态特征 落叶乔木，树皮灰褐色，深纵裂；单叶互生，倒卵形，薄革质，顶端渐尖，基部楔形或近圆形，叶缘有腺状粗锯齿，侧脉 7~12 对，叶柄较短；壳斗浅杯形，包被坚果 1/3；坚果长椭圆形，先端渐尖，基部钝圆；花期 4~5 月，果熟期 9~10 月。

分布 各林区；生长于海拔 1300m 以下的山坡或山谷。

槲栎

Quercus aliena

科名 壳斗科 Fagaceae

属名 栎属 *Quercus*

形态特征 落叶乔木，树皮暗灰色，纵裂；单叶互生，倒卵形，先端钝或尖，基部楔形，叶缘具波状钝齿，叶背被灰棕色细茸毛，侧脉 10~15 对，叶柄长 1~3cm；壳斗杯状，包着坚果约 1/2，鳞片披针形；坚果椭圆形至卵形，果脐微突起；花期 4~5 月，果熟期 9~10 月。

分布 各林区；生长于 800~1400m 向阳山坡，常成纯林。

锐齿槲栎

Quercus aliena var. *acuteserrata*

科名 壳斗科 Fagaceae
属名 栎属 *Quercus*

形态特征　落叶乔木，树皮暗灰色，深纵裂；单叶互生，椭圆状倒卵形，先端渐尖或急尖，叶缘具波状钝齿，叶背被灰棕色细茸毛；雄花在柔荑花序上单生或数朵簇生，雄蕊10；雌花单生或簇生于当年生枝叶腋；壳斗浅杯状，小苞片暗褐色，排列紧密，被灰白色短柔毛；坚果卵圆形；花期4~5月，果熟期9~10月。

分布　各林区；生长于海拔1000m以上的山坡。

槲树

Quercus dentate

科名 壳斗科 Fagaceae

属名 栎属 *Quercus*

形态特征 落叶乔木，树皮暗灰褐色，深纵裂，小枝粗壮，有沟槽，密被短柔毛；单叶互生，倒卵形或长倒卵形，顶端短钝尖，叶面深绿色，基部耳形，叶缘波状裂片或粗锯齿，叶柄短；雄花序生于新枝叶腋；壳斗杯形，包着坚果 1/2~1/3，小苞片革质，反曲，红棕色，外面被褐色丝状毛；坚果卵形，无毛，有宿存花柱；花期 4~5 月，果熟期 9~10 月。

分布 各林区；生长于海拔 1000m 以下的向阳山坡。

巴东栎

Quercus engleriana

科名 壳斗科 Fagaceae
属名 栎属 *Quercus*

形态特征 常绿乔木,幼枝有黄色茸毛,老枝无毛;单叶互生,卵状椭圆形,先端渐尖,边缘1/3以上具尖锐锯齿,幼时背面密生黄色星状茸毛,后无毛,侧脉10~13对;壳斗浅碗状,密生灰色短毛,鳞片紧密排列,上部红褐色,坚果卵圆形;花期4~5月,果熟期9~10月。

分布 各林区;生长于海拔1000m以上的阳坡混交林中。

保护类别 中国种子植物特有种。

匙叶栎

Quercus dolicholepis

科名 壳斗科 Fagaceae
属名 栎属 *Quercus*

形态特征 常绿小乔木，小枝褐灰色，幼时有星状毛；单叶互生，厚革质，常集生于枝端，倒卵状匙形，先端钝圆，边缘微反曲，1/3~1/2 以上疏生具刺尖锯齿，侧脉 7~8 对；壳斗浅碗状，鳞片褐色，狭披针形，反曲；坚果卵形，顶部有茸毛；花期 4~5 月，果熟期次年 9~10 月。

分布 各林区；生长山坡杂木林中。

保护类别 中国种子植物特有种。

岩栎
Quercus acrodonta

| 科名 | 壳斗科 Fagaceae |
| 属名 | 栎属 *Quercus* |

形态特征 常绿小乔木或灌木，小枝灰褐色且密生星状茸毛；叶革质，常集生枝端，椭圆状披针形，先端尖，边缘中部以上有尖锯齿，表面光亮，背面密生灰白色星状茸毛；壳斗浅碗状，鳞片卵形，排列紧密，先端栗褐色，背面密生灰白色，坚果长圆形，基部2/5包于壳斗中；花期4~5月，果熟期9~10月。

分布 各林区；生长山谷或山坡中。

保护类别 中国种子植物特有种。

米心水青冈

Fagus engleriana

科名 壳斗科 Fagaceae
属名 水青冈属 *Fagus*

形态特征 落叶乔木，小枝紫褐色，具圆形皮孔；单叶互生，卵形，顶部短尖，基部宽楔形或近于圆，叶缘波浪状，叶脉10~14对，中脉基部有白色丝状长毛；总苞卵形，苞片披针形；每壳斗有坚果2个，坚果卵状三棱形，褐色，被细毛；花期4~5月，果熟期10月。

分布 七里沟、宝天曼林区；生长于海拔1200m以上山坡。

保护类别 中国种子植物特有种，河南省重点保护植物。

白桦

Betula platyphylla

科名　桦木科 Betulaceae
属名　桦木属 *Betula*

形态特征　落叶乔木，树皮灰白色，平滑，层状剥落；单叶互生，厚纸质，三角状卵形，基部常截性，边缘具重锯齿，侧脉5~7对，叶柄细瘦，无毛；雄花序常成对顶生；果序单生，圆柱形，下垂，序梗细瘦；雌花无花被，子房2室；小坚果矩圆形，具膜质翅；花期4~5月，果熟期9~10月。

分布　宝天曼林区；生长于海拔1000m以上的山坡或山梁。

红桦

Betula albosinensis

科名 桦木科 Betulaceae

属名 桦木属 *Betula*

形态特征 落叶乔木，树皮淡红褐色，有光泽和白粉，薄层状剥落；单叶互生，卵形，顶端渐尖，基部圆形，边缘具不规则的重锯齿，齿尖常角质化，侧脉 10~14 对；雄花序圆柱形，无梗；苞片卵形，紫红色，边缘具纤毛；果序圆柱形，单生或同时具有 2~4 枚排成总状；小坚果卵圆形，具膜纸翅；花期 5~6 月，果熟期 9~10 月。

分布 宝天曼林区；生长于海拔 1500m 以上山坡及沟谷。

保护类别 中国种子植物特有种。

亮叶桦

Betula luminifera

科名 桦木科 Betulaceae
属名 桦木属 *Betula*

形态特征 落叶乔木，树皮红褐色，光滑不开裂；单叶互生，宽三角状卵形，先端渐尖，基部圆形，边缘具不整齐重锯齿，齿尖褐色而角质化，侧脉10~12对；雄花序2~3枚，顶生，狭圆柱状，苞片宽卵形，边缘有纤毛；果序单生叶腋，长圆柱状，下垂，黄褐色；小坚果倒卵形，背面疏被短柔毛，膜质翅宽为果的2倍；花期4~5月，果熟期9月。

分布 各林区；生长于海拔1000m左右的山坡杂木林中。

保护类别 中国种子植物特有种。

榛

Corylus heterophylla

科名 桦木科 Betulaceae
属名 榛属 *Corylus*

形态特征 落叶灌木或小乔木；单叶互生，矩圆形或宽倒卵形，顶端凹缺或截形，中央具三角状突尖，边缘具不规则重锯齿；雄花序单生；雌花序2~6个簇生枝端；总苞叶状，每苞片内具花2；坚果扁球形，1~4个簇生；花期4~5月，果熟期9~10月。

分布 各林区；生长于山坡及沟谷。

华榛
Corylus chinensis

科名 桦木科 Betulaceae
属名 榛属 *Corylus*

形态特征 落叶乔木，树皮灰褐色，纵裂，小枝褐色，密被长柔毛和刺状腺体；单叶互生，椭圆形，顶端骤尖，基部心形，两侧显著不对称，边缘具不规则的钝锯齿，上面无毛，下面沿脉疏被淡黄色长柔毛，侧脉 7~11 对；雄花序多枚排成总状；果 2~6 枚簇生成头状，果苞管状，于果的上部缢缩，外面具纵肋，具 3~5 枚镰状披针形的裂片，裂片通常又分叉成小裂片；坚果球形，无毛；花期 4~5 月，果熟期 9~10 月。

分布 蛮子庄、大块地、许窑沟、红寺河林区；生长于海拔 1000m 以上的山沟杂木林。

保护类别 中国种子植物特有种，河南省重点保护植物。

千金榆
Carpinus cordata

科名 桦木科 Betulaceae
属名 鹅耳枥属 *Carpinus*

形态特征 落叶乔木,小枝棕色,具沟槽;单叶互生,厚纸质,卵形,顶端渐尖,具刺尖,基部斜心形,边缘具不规则重锯齿,被面沿脉疏被短柔毛,侧脉15~20对;雄花序下垂,苞片具柄;雌花序生于当年生枝顶;果序长圆形,苞片上部及外缘具牙齿,内缘基部有一内卷裂片覆盖小坚果;小坚果卵形;花期5月,果熟期9~10月。

分布 各林区;生长于阴坡或山谷杂木林。

鹅耳枥

Carpinus turczaninowii

科名 桦木科 Betulaceae
属名 鹅耳枥属 *Carpinus*

形态特征 落叶乔木，树皮灰褐色，浅纵裂；单叶互生，卵形，先端急尖，基部近圆形或宽楔形，边缘有重锯齿，背面脉上有毛，侧脉 8~12 对，叶柄疏被短柔毛；果序长 3~4cm，苞片半卵形，先端急尖，具 5~8 条脉纹，外缘有重锯齿；小坚果卵圆形，具树脂腺体；花期 4 月，果熟期 9~10 月。

分布 各林区；生长于海拔 800~1700m 的山坡疏林。

川陕鹅耳枥
Carpinus fargesiana

科名 桦木科 Betulaceae
属名 鹅耳枥属 *Carpinus*

形态特征 落叶乔木，树皮灰色，光滑；单叶互生，叶厚纸质，卵状披针形，顶端渐尖，上面深绿色，下面淡绿色，沿脉疏被长柔毛，侧脉 12~16 对，脉腋间具髯毛，边缘具重锯齿，叶柄细瘦且疏被长柔毛；果序长约 4cm，序梗、序轴均疏被长柔毛，果苞半卵形或半宽卵形，背面沿脉疏被长柔毛，外侧的基部无裂片；小坚果宽卵圆形，无毛；花期 4~5 月，果熟期 9~10 月。

分布 各林区；生长于海拔 1000m 以上的栎类及杂木林中。

保护类别 中国种子植物特有种。

多脉鹅耳枥
Carpinus polyneura

科名	桦木科 Betulaceae
属名	鹅耳枥属 *Carpinus*

形态特征 落叶乔木，幼枝紫红色；单叶互生，长卵形，边缘具重锯齿，表面亮绿色，沿脉被柔毛，侧脉15~18对，叶柄无毛；序梗被细柔毛，苞片半卵形，急尖，外缘有锯齿，内缘全缘，基部微内卷；小坚果卵圆形，先端被长毛，下端具细毛和稀疏腺点，有8~10条肋纹；花期4月，果熟期7~9月。

分布 各林区；生长于海拔1000m以上的山坡杂木林中。

保护类别 中国种子植物特有种。

湖北鹅耳枥

Carpinus hupeana

科名	桦木科 Betulaceae
属名	鹅耳枥属 *Carpinus*

形态特征 落叶乔木，枝条灰黑色有小而凸起的皮孔，无毛；单叶互生，厚纸质，卵状披针形，边缘具重锯齿，上面沿中脉被长柔毛，侧脉13~16对；果序较长，序梗、序轴均密被长柔毛；果苞半卵形，沿脉疏被长柔毛，外侧的基部无裂片，内侧的基部具耳突或边缘微内折；小坚果宽卵圆形，除顶部疏生长柔毛外，其余无毛，无腺体；花期4月，果熟期7~9月。

分布 各林区；生长于海拔1000m以上的山坡杂木林中。

保护类别 中国种子植物特有种。

小叶鹅耳枥
Carpinus stipulata

科名 桦木科 Betulaceae
属名 鹅耳枥属 *Carpinus*

形态特征 落叶小乔木；单叶互生，卵形，先端渐尖，边缘单锯齿，侧脉6~12对，叶柄较短；果苞片半圆形，外缘具多数不整齐牙齿，内缘上部具疏齿，基部裂片向内包卷，无毛；小坚果近球形，略扁，顶部无毛，上部具膜质腺点；花期4月，果熟期9月。

分布 各林区；生长于海拔1000m以上的山坡疏林中。

保护类别 中国种子植物特有种。

川鄂鹅耳枥
Carpinus henryana

科名 桦木科 Betulaceae
属名 鹅耳枥属 *Carpinus*

形态特征 落叶乔木，树皮灰褐色，片状开裂；单叶互生，厚纸质，卵状椭圆形，先端渐尖，基部圆形或微心形，边缘具重锯齿，上面沿中脉被长柔毛，侧脉 12~15 对；叶柄密被灰棕色长柔毛；果序梗、果序轴均密被长柔毛；果苞半卵形，急尖，外缘具牙齿，内缘全缘；小坚果卵圆形，顶端具长毛；花期 4 月，果熟期 9~10 月。

分布 各林区；生长于 1000m 以上山坡杂木林。

保护类别 中国种子植物特有种。

铁木

Ostrya japonica

科名 桦木科 Betulaceae
属名 铁木属 *Ostrya*

形态特征 落叶乔木，树皮暗灰色，鳞片状剥落，小枝褐色，具细条棱，疏生皮孔；单叶互生，卵状披针形，顶端渐尖，基部圆形或心脏形，边缘具不规则的重锯齿，侧脉12~15对，叶柄密被短柔毛；雄花序2~4枚聚生，下垂；雌花序顶生，穗状；果序下垂，总苞膜质；小坚果长卵圆形，淡褐色，有光泽，具数肋，无毛；花期4~5月，果熟期8~9月。

分布 各林区；生长于山坡或山沟杂木林。

保护类别 河南省重点保护植物。

中国繁缕
Stellaria chinensis

科名 石竹科 Caryophyllaceae
属名 繁缕属 *Stellaria*

形态特征 多年生草本，茎细弱，具四棱，无毛；叶对生，卵形，先端渐尖，基部宽楔形，全缘，两面无毛，下面中脉明显凸起；聚伞花序顶生或腋生，有细长总梗；花瓣5，白色，顶端2裂；蒴果卵形，较宿存萼片稍长；种子卵圆形，稍扁，褐色；花期4~5月，果熟期7~8月。

分布 南阴坡、野獐、宝天曼林区；生长于山沟林缘与水边湿地。

保护类别 中国种子植物特有种。

石生蝇子草

Silene tatarinowii

科名 石竹科 Caryophyllaceae
属名 蝇子草属 *Silene*

形态特征 多年生草本，全株被短柔毛，根黄白色；单叶对生，披针形，顶端长渐尖，两面被稀疏短柔毛，边缘具短缘毛；二歧聚伞花序疏松，大型，花梗细且被短柔毛；苞片披针形，草质；花萼筒状棒形，纵脉绿色，稀紫色；花瓣白色，轮廓倒披针形，无毛，无耳，瓣片倒卵形，副花冠片椭圆状，全缘；雄蕊明显外露，花丝无毛；蒴果卵形，种子肾形，红褐色至灰褐色，脊圆钝；花期 7~8 月，果熟期 8~10 月。

分布 各林区；生于海拔 800m 以上灌丛中、疏林下多石质的山坡或岩石缝中。

保护类别 中国种子植物特有种。

蝇子草

Silene gallica

科名 石竹科 Caryophyllaceae
属名 蝇子草属 *Silene*

形态特征 多年生草本，茎簇生，直立，有疏生柔毛；基生叶匙状披针形，茎生叶线状披针形，先端锐尖、基部渐狭如细柄；聚伞花序顶生，总花梗上部有黏液；萼筒膜质，细管状，无毛，具10条肋棱；花瓣5个，粉红色或白色，基部有爪，先端2裂，裂片有不整齐细裂；蒴果矩圆形，顶端6裂，种子有瘤状突起；花期6~8月，果熟期8~9月。

分布 各林区；生于林缘、灌丛或草地。

保护类别 中国种子植物特有种。

金线草

Antenoron filiforme

科名 蓼科 Polygonaceae
属名 金线草属 *Antenoron*

形态特征 多年生草本，茎直立，有纵沟，节部膨大；叶互生，椭圆形，先端短渐尖，基部楔形，全缘，两面具糙伏毛，叶鞘管状，膜质；花序顶生或腋生，穗状，细弱，淡红色，花被4裂，宿存；雄蕊5；花柱2，果时伸长，硬化，顶端呈钩状，宿存，伸出花被之外；瘦果卵形，两面凸，褐色，光亮，包于宿存花被内；花期7~9月，果熟期8~10月。

分布 各林区；生长于山坡林缘、沟边、溪旁。

愉悦蓼
Polygonum jucundum

科名 蓼科 Polygonaceae
属名 蓼属 *Polygonum*

形态特征 一年生草本，茎基部多分枝；单叶互生，椭圆状披针形，两面疏生硬伏毛，基部楔形，边缘全缘，具短缘毛，托叶鞘膜质，淡褐色，筒状，疏生硬伏毛；总状花序呈穗状，顶生或腋生，花排列紧密；苞片漏斗状，绿色，每苞内具3~5花，花梗比苞片长；瘦果卵形，具3棱，黑色，有光泽，包于宿存花被内；花期7~9月，果熟期8~10月。

分布 南阴坡、猴沟、许窑沟、蚂蚁沟林区；生长于山沟水旁湿地。

保护类别 中国种子植物特有种。

翼蓼

Pteroxygonum giraldii

科名 蓼科 Polygonaceae
属名 翼蓼属 *Pteroxygonum*

形态特征 多年生草本，肉质褐色块根，茎缠绕，基部常带紫褐色；叶 2~4 个簇生，三角形，先端狭尖，基部宽心脏形，叶柄细长，托叶鞘膜质；花序总状，腋生，总梗长于叶，苞片膜质，狭披针形，花梗有关节，在果期增大，花白色或淡绿色，花被 5 深裂；瘦果卵形，有 3 个膜质翅，基部有 3 个角状物，黑褐色，伸出宿存花被之外；花期 5~7 月，果熟期 7~9 月。

分布 各林区；生于山沟、溪旁、林下。

保护类别 中国种子植物特有种。

金荞麦
Fagopyrum dibotrys

科名 蓼科 Polygonaceae
属名 翼蓼属 *Pteroxygonum*

形态特征 多年生草本，茎直立，具纵棱；单叶互生，三角形，先端渐尖，基部近戟形，两面被乳头状突起，托叶鞘无缘毛；花序伞房状，苞片卵状披针形，花梗与苞片近等长，中部具关节；花被片椭圆形，白色；瘦果宽卵形，具3锐棱，伸出宿存花被2~3倍；花期8~9月，果熟期9~10月。

分布 蚂蚁沟、回岔沟林区；生长于山坡（栽培种）。

保护类别 国家II级保护野生植物。

细柄野荞麦

Fagopyrum gracilipes

科名 蓼科 Polygonaceae
属名 翼蓼属 *Pteroxygonum*

形态特征 一年生草本，茎直立，自基部分枝，疏被短糙伏毛；单叶互生，卵状三角形，顶端渐尖，基部心形，两面疏生短糙伏毛，托叶鞘膜质，偏斜，具短糙伏毛，顶端尖；花序总状，腋生或顶生，极稀疏，间断，花序梗细弱，俯垂；苞片漏斗状，上部近缘膜质，中下部草质，绿色，每苞内具 2~3 花；花被 5 深裂，淡红色，花被片椭圆形，背部具绿色脉，雄蕊花被短；瘦果宽卵形，具 3 锐棱，有光泽，突出花被之外；花期 6~9 月，果熟期 8~10 月。

分布 圣垛山、野獐林区；生长于山坡路旁、林下、河滩。

保护类别 中国种子植物特有种。

矮牡丹
Paeonia jishanensis

科名	芍药科 Polygonaceae
属名	芍药属 *Paeonia*

形态特征　落叶灌木，分枝短而粗；二回三出复叶，顶生小叶宽卵圆形，叶背面和叶轴均生短柔毛，3裂至中部，裂片再浅裂；花单生枝顶，萼片5，绿色，宽卵形；花瓣5，红色，倒卵形；花盘革质，杯状，紫红色，心皮5，密生柔毛；蓇葖果长圆形，密生黄褐色硬毛；花期5月，果熟期6月。

分布　银壶沟林区；生长于山坡疏林中。

保护类别　国家Ⅱ级保护野生植物，中国种子植物特有种，河南省重点保护植物。

紫斑牡丹

Paeonia rockii

科名 芍药科 Polygonaceae
属名 芍药属 *Paeonia*

形态特征 落叶灌木，茎直立，基部具鳞状鞘，无毛；二回羽状复叶，具长柄，小叶狭卵形，3深裂，裂片卵状椭圆形，背面粉绿色，疏生柔毛，脉上较多；花顶生，苞片4，宽披针形，花瓣白色，腹面基部有紫色大斑点；花盘杯状，革质，包住心皮；蓇葖果，密生黄色短柔毛，顶端具喙；花期5月，果熟期6月。

分布 银虎沟、牡丹垛林区；生长于海拔1000m以上的山坡灌丛中。

保护类别 国家Ⅰ级保护野生植物，中国种子植物特有种，河南省重点保护植物。

紫茎
Stewartia sinensis

科名	山茶科 Theaceae
属名	紫茎属 *Stewartia*

形态特征 落叶乔木，树皮灰黄色，脱落后呈深褐色，平滑；单叶互生，纸质，卵形，基部圆形，边缘有锯齿，背面疏被长柔毛，侧脉5~6对，叶柄红色；花单生叶腋，苞片2个，卵圆形，宿存，花瓣5个，倒卵形，外面被长柔毛，雄蕊花丝中部以上合生成管；蒴果圆锥形，顶部长喙状，外面密被黄褐色柔毛，5瓣裂；花期5~6月，果熟期9~10月。

分布 大石窑、宝天曼、平坊林区；生长于海拔1400m以上的山谷或山坡杂木林中。

保护类别 河南省重点保护植物。

陕西紫茎

Stewartia sinensis var. *shensiensis*

科名 山茶科 Theaceae
属名 紫茎属 *Stewartia*

形态特征 落叶乔木，树皮光滑，嫩枝有长柔毛；单叶互生，薄革质，椭圆形，先端锐尖，基部楔形，上面稍发亮，下面在中脉上有柔毛，侧脉5~7对，边缘有锯齿；花腋生，白色，苞片长圆形，有柔毛；萼片长圆形，被柔毛；花瓣5，其中4片长圆形，1片卵形，背面有绢毛；蒴果圆锥形，外面密被黄褐色柔毛；花期5~6月，果熟期9~10月。

分布 宝天曼、平坊林区；生长于海拔1400m以上的山谷或山坡杂木林中。

保护类别 河南省重点保护植物。

黑蕊猕猴桃

Actinidia melanandra

科名 猕猴桃科 Actinidiaceae
属名 猕猴桃属 *Actinidia*

形态特征 落叶藤本，小枝无毛，有皮孔，肉眼难见，片层状髓；单叶互生，纸质，椭圆形，顶端急尖，腹面绿色，无毛，背面灰白色，叶脉不显著，侧脉6~7对，叶柄无毛；聚伞花序，1~2回分枝，花1~7朵；苞片小，钻形；花绿白色，萼片5片，卵形至长方卵形；花瓣5片，匙状倒卵形，花药黑色，长方箭头状；果瓶状卵珠形，无毛，无斑点，顶端有喙，基部萼片早落；花期5~6月，果熟期9~10月。

分布 蚂蚁沟、七里沟林区；生长于海拔1000~1500m的山林中。

保护类别 中国种子植物特有种，河南省重点保护植物。

软枣猕猴桃

Actinidia arguta

科名 猕猴桃科 Actinidiaceae
属名 猕猴桃属 *Actinidia*

形态特征 落叶藤本，片层状髓白色；单叶互生，纸质，卵形，顶端急短尖，边缘具繁密的锐锯齿，腹面深绿色，无毛，侧脉稀疏，6~7对；花序腋生，1~2回分枝，1~7花，苞片线形；花绿白色，芳香，萼片4~6枚；卵圆形，边缘较薄，被粉末状短茸毛；花瓣4~6片，子房瓶状，洁净无毛；果圆球形，无毛，无斑点，不具宿存萼片，成熟时绿黄色或紫红色；花期5~6月，果熟期9~10月。

分布 宝天曼林区；生长于山沟林间或灌丛中。

保护类别 国家II级保护野生植物，河南省重点保护植物。

中华猕猴桃

Actinidia chinensis

科名 猕猴桃科 Actinidiaceae
属名 猕猴桃属 *Actinidia*

形态特征 落叶藤本，幼枝密生灰棕色柔毛，片层状髓大，白色；单叶互生，纸质，倒阔卵形，顶端突尖，边缘有刺毛状齿，上面仅叶脉有疏毛，下面密生灰棕色茸毛；聚伞花序，花白色后变黄色，花被5数，萼片及花柄有棕色茸毛；雄蕊多数，花药黄色；果黄褐色，近球形，被茸毛，具小而多的淡褐色斑点，宿存萼片反折；花期5~6月，果熟期8~10月。

分布 圣垛山、五岈子、蚂蚁沟、回岔沟、南阴坡、许窑沟、猴沟、红寺河林区；生长于林内或灌丛中。

保护类别 国家Ⅱ级保护野生植物。

黄海棠

Hypericum ascyron

科名 金丝桃科 Hypericaceae
属名 金丝桃属 *Hypericum*

形态特征 多年生草本，茎有四棱；单叶对生，宽披针形，先端渐尖，基部抱茎，无柄；顶生聚伞花序，花多数，花大，黄色；萼片5，卵圆形，花柱中部以上5裂；蒴果圆锥形；花期6~8月，果熟期8~9月。

分布 各林区；生长于山坡林下或草丛中。

少脉椴
Tilia paucicostata

科名 椴树科 Tiliaceae
属名 椴树属 *Tilia*

形态特征 落叶乔木，小枝纤细，无毛；单叶互生，薄革质，卵圆形，基部斜心形，边缘具细锯齿，两面无毛；聚伞花序有6~8朵花，苞片狭倒披针形，两面近无毛；果实倒卵形，密生灰白色短茸毛，有疣状突起；花期7月，果熟期8-9月。

分布 宝天曼、猴沟、蚂蚁沟、京子垛林区；生长于海拔1000m以上的山坡杂木林中。

保护类别 中国种子植物特有种。

毛糯米椴

Tilia henryana

科名 椴树科 Tiliaceae
属名 椴树属 *Tilia*

形态特征 落叶乔木，嫩枝被黄色星状茸毛；单叶互生，圆形，先端宽而圆，有短尖尾，基部心形，上面无毛，下面被黄色星状茸毛，侧脉5~6对，边缘有锯齿，叶柄被黄色茸毛；聚伞花序，花多数，花序柄有星状柔毛；苞片狭窄倒披针形，先端钝，基部狭窄，两面有黄色星状柔毛，下半部3~5cm与花序柄合生；萼片长卵形，外面有毛；果实倒卵形，有棱5条，被星状毛；花期6月，果熟期9月。

分布 蚂蚁沟、七里沟、宝天曼林区；生长于山坡或山谷杂木林中。

保护类别 中国种子植物特有种。

华东椴

Tilia japonica

科名	椴树科 Tiliaceae
属名	椴树属 *Tilia*

形态特征 落叶乔木，嫩枝初时有长柔毛，后光滑；单叶互生，革质，扁圆形，先端急锐尖，基部心形，上面无毛，下面除脉腋有毛丛外余皆秃净无毛，侧脉6~7对，边缘有尖锐细锯齿；叶柄纤细无毛；聚伞花序，花多数，苞片狭倒披针形，两面均无毛，下半部与花序柄合生；萼片狭长圆形，被稀疏星状柔毛；果实卵圆形，有星状柔毛，无棱突；花期6~7月，果熟期8~9月。

分布 宝天曼、平坊、京子垛、七里沟林区；生长于山坡及山谷杂木林中。

粉椴

Tilia oliveri

科名　椴树科 Tiliaceae
属名　椴树属 *Tilia*

形态特征　落叶乔木，树皮灰白色；单叶互生，卵形，先端急锐尖，基部斜心形，上面无毛，下面被白色星状茸毛，侧脉7~8对，边缘密生细锯齿；聚伞花序，花多数，花序柄有灰白色星状茸毛，苞片窄倒披针形，表面中脉有毛，背面被灰白色星状柔毛；果实椭圆形，被毛；花期6~7月，果熟期8~9月。

分布　蚂蚁沟、回岔沟、牧虎顶、宝天曼林区；生长于海拔800~1500m以上的山坡杂木林中。

山拐枣
Poliothyrsis sinensis

科名	大风子科 Flacourtiaceae
属名	山拐枣属 *Poliothyrsis*

形态特征 落叶乔木，树皮灰色，幼枝有短柔毛；单叶互生，卵形，先端渐尖，边缘有钝锯齿，背面有短柔毛，掌状基部5出脉，叶柄被短柔毛；圆锥花序直立疏松，花淡绿色，萼片披针形，外面有短柔毛；蒴果椭圆形，先端急尖，3瓣裂，外果皮革质，内果皮木质；种子多数，周围有翅；花期6~7月，果熟期9~10月。

分布 各林区；生长于海拔800~1300m之间的山坡林中。

保护类别 中国种子植物特有种。

山桐子

Idesia polycarpa

科名 大风子科 Flacourtiaceae
属名 山桐子属 *Idesia*

形态特征 落叶乔木，树皮光滑，灰白色；单叶互生，卵形，基部心形，叶缘有疏锯齿，表面无毛，背面被白粉，掌状基出脉5~7条，脉腋密生柔毛，叶柄顶端2个腺体；圆锥花序下垂，花黄绿色，芳香，萼片5，长卵形，被毛；浆果球形，红色，种子多数；花期5~6月，果熟期9~10月。

分布 圣垛山、京子垛、宝天曼、七里沟、野獐、蚂蚁沟、红寺河林区；生长于海拔800~1500m之间的山坡林中。

中国旌节花

Stachyurus chinensis

科名 旌节花科 Stachyuraceae
属名 旌节花属 *Stachyurus*

形态特征 落叶灌木，树皮光滑，紫褐色；单叶互生，纸质，卵形，长圆状卵形，边缘为圆齿状锯齿，侧脉5~6对，在两面均凸起，细脉网状，上面亮绿色，无毛，下面灰绿色，叶柄暗紫色；穗状花序腋生，先叶开放，无梗；花黄色，苞片1枚，三角状卵形，顶端急尖，小苞片2枚，卵形，萼片4枚，黄绿色，卵形；浆果近球形；花期4月，果熟期6~7月。

分布 宝天曼、猴沟林区；生长于海拔800~1300m的山谷、溪沟边、林中或林缘。

保护类别 中国种子植物特有种。

斑叶堇菜

Viola variegata

科名 堇菜科 Violaceae
属名 堇菜属 *Viola*

形态特征 多年生草本，无地上茎；叶基生，圆形，基部心形，边缘具圆钝齿，上面暗绿色，沿叶脉有明显的白色斑纹，背面紫红色，两面密被短粗毛，托叶淡绿色，近膜质，2/3 与叶柄合生，离生部分披针形；花红紫色，萼片 5，卵状披针形，花瓣 5，子房球形；蒴果椭圆形，无毛；花期 3~5 月，果熟期 6~7 月。

分布 各林区；生长于山坡草地、疏林及灌丛中。

绞股蓝
Gynostemma pentaphyllum

科名	葫芦科 Cucurbitaceae
属名	绞股蓝属 *Gynostemma*

形态特征 多年生攀援草本，卷须2分叉；叶互生，鸟足状，具3~9小叶，膜质，顶生叶较大；雌雄异株，花序圆锥状，总花梗细，花小，花萼5，花冠淡绿色，5深裂，雄蕊5，联合成柱状；雌花序短小，子房球形，2~3室；果实肉质，球形，无毛，成熟时黑色，光滑，内含倒垂种子2个；种子宽卵状心形，两面有小突起；花期6~9月，果熟期9~10月。

分布 各林区；生长于山坡、沟边、林下、灌丛或草丛中。

保护类别 河南省重点保护植物。

斑赤瓟

Thladiantha maculata

科名 葫芦科 Cucurbitaceae
属名 赤瓟属 *Thladiantha*

形态特征 草质藤本，根块状，卷须1；叶膜质，卵状宽心形，基部心形，两面有毛，叶柄细；雌雄异株，雄花序总状，3~6朵花，花冠黄色，裂片卵形，上部和边缘具暗黄色腺点；雄花单生，子房长圆形，密被灰黄色柔毛，花柱3分叉；果实纺锤形，橘红色，果皮较平滑，种子窄卵形，两面明显隆起；花期5~8月，果熟期9~10月。

分布 各林区；生长于海拔600m以上的沟谷或林下。

保护类别 中国种子植物特有种。

秋海棠
Begonia grandis

科名 秋海棠科 Begoniaceae
属名 秋海棠属 *Begonia*

形态特征 多年生草本，茎粗壮，多分枝，光滑，叶腋生株芽；叶宽卵形，基部心形，偏斜，边缘呈尖波状，下面和叶柄均带紫红色；聚伞花序腋生，花大，淡红色，雄蕊花被片4，雌花花被片5，雄蕊与花柱分离；蒴果，具3翅；花期6~8月，果熟期8~9月。

分布 南阴坡、圣垛山、猴沟、许窑沟、蚂蚁沟、牛心、五岈子林区；生长于山沟、溪旁阴湿处。

响叶杨

Populus adenopoda

科名 杨柳科 Cucurbitaceae

属名 杨属 *Populus*

形态特征 落叶乔木，树皮光滑，纵裂；树冠卵形；单叶互生，卵状圆形，先端长渐尖，基部截形，边缘有内曲圆锯齿，齿端有腺点，上面深绿色，光亮，下面灰绿色，叶柄侧扁，被茸毛，顶端有2个显著腺点；雌雄异株，柔荑花序，花药黄色，苞片条裂，有长睫毛；蒴果椭圆形，锐尖，无毛，2裂；花期4月，果熟期4~5月。

分布 五岈子、圣垛山、银虎沟、葛条爬、南阴坡林区；生长于海拔1000m以下的山坡或山谷溪旁。

保护类别 中国种子植物特有种。

蒿柳

Salix schwerini

科名 杨柳科 Cucurbitaceae

属名 柳属 *Salix*

形态特征 落叶灌木或小乔木，幼枝具灰色短柔毛，冬芽卵状长圆形，微黄色；线状披针形，先端渐尖，基部楔形，表面暗绿色，背面密被丝状长毛，边缘外卷，中脉突出；柔荑花序，近无梗；雄花序雄蕊2个，离生，花丝无毛；雌花序子房卵形，密被丝状毛；蒴果圆形，有丝状毛；花期4~5月，果熟期5~6月。

分布 葛条爬林区；生长于山沟、河边。

紫柳

Salix wilsonii

科名 杨柳科 Cucurbitaceae

属名 柳属 *Salix*

形态特征 落叶乔木，一年生枝暗褐色，嫩枝有毛，后无毛；叶互生，椭圆形，幼叶常发红色，上面绿色，下面苍白色，边缘有圆锯齿，叶柄有短柔毛；花与叶同时开放，雄花序盛开时疏花，轴密生白柔毛，苞片椭圆形，花有背腺和腹腺，常分裂；雌花序轴有白柔毛，子房狭卵形，无毛，有长柄，花柱2裂；蒴果卵状长圆形，2裂；花期4月，果熟期5月。

分布 宝天曼、红寺河、牧虎顶、圣垛山林区；生长于海拔1000m左右的山沟溪旁。

保护类别 中国种子植物特有种。

紫枝柳
Salix heterochroma

科名	杨柳科 Cucurbitaceae
属名	柳属 *Salix*

形态特征 落叶乔木，枝深紫红色，初有柔毛，后变无毛；叶互生，椭圆形，基部楔形，上面深绿色，下面带白粉，具疏绢毛；雄花序近无梗，轴有绢毛，雄蕊 2，花药黄色，苞片长圆形，黄褐色，两面被绢质长柔毛；雌花序圆柱形，轴具柔毛；子房卵状长圆形，有柄；蒴果卵状长圆形，先端尖，被灰色柔毛；花期 4~5 月，果熟期 5~6 月。

分布 宝天曼、猴沟、牧虎顶林区；生长于海拔 1000m 以上的山坡或山谷杂木林中。

保护类别 中国种子植物特有种。

诸葛菜

Orychophragmus violaceus

科名 十字花科 Brassicaceae
属名 诸葛菜属 *Orychophragmus*

形态特征 一年生草本，全株无毛，有白粉；基生叶羽状全裂，上部叶长圆形，基部耳状抱茎；总状花序顶生，花紫色或褪成白色，花萼4，筒状；长角果线形，4棱；种子卵状长圆形，黑褐色，有纵条纹；花期4~5月，果熟期5~7月。

分布 各林区；生长于浅山区，山坡或山沟杂木林下。

秀雅杜鹃
Rhododendron concinnum

| 科名 | 杜鹃花科 Ericaceae |
| 属名 | 杜鹃花属 *Rhododendron* |

形态特征 常绿灌木，幼枝无毛，被鳞片；单叶互生，革质，宽披针形，基部圆形，表面暗绿色，有白色鳞片，背面被黄褐色鳞片，中脉突起；伞形花序，顶生，常 3~5 朵花，花萼小，外面被鳞片，花冠漏斗状，淡紫色，内面有斑点；蒴果圆柱形，被鳞片；花期 5~6 月，果熟期 8~9 月。

分布 宝天曼、红寺河林区；生长于海拔 1600m 以上的灌丛或林中。

保护类别 中国种子植物特有种。

太白杜鹃

Rhododendron purdomii

| 科名 | 杜鹃花科 Ericaceae |
| 属名 | 杜鹃花属 *Rhododendron* |

形态特征 常绿灌木，幼枝被微柔毛，老枝粗壮，黑灰色；叶互生，革质，长圆状披针形，先端钝圆，具突尖头，基部楔形，边缘反卷，上面暗绿色，具光泽，无毛，微皱，中脉凹入，侧脉10~12对，微凹；顶生总状伞形花序，花多数，花萼小，杯状，裂片5，宽三角形，疏被短柔毛，花冠钟形，淡粉红色；筒部上方具紫色斑点，裂片5，圆形；蒴果圆柱形，微弯，疏被柔毛；花期5~6月，果熟期7~9月。

分布 宝天曼、平坊林区；生长于海拔1700m以上的山坡林中。

保护类别 中国种子植物特有种，河南省重点保护植物。

紫背鹿蹄草

Pyrola atropurpurea

科名 鹿蹄草科 Pyrola
属名 鹿蹄草属 *Pyrola*

形态特征 常绿草本状小灌木，根茎细长，有分枝；叶2~4，基生，近纸质，肾圆形，先端圆钝，基部心形，边缘有疏圆齿，上面绿色，下面带红紫色；花葶细长，具棱，总状花序2~4花，花倾斜，稍下垂，花冠碗形，白色；萼片常带红紫色，较小，三角状卵形，花瓣长圆状倒卵形，花柱伸出花冠；蒴果扁球形；花期6~7月，果熟期8~9月。

分布 京子垛、宝天曼林区；生长于海拔1200m以上的山坡林下或山沟阴湿处。

保护类别 中国种子植物特有种。

水晶兰
Monotropa uniflora

科名 鹿蹄草科 Pyrola
属名 水晶兰属 *Monotropa*

形态特征 多年生草本，腐生，无叶绿素，肉质，白色；叶鳞片状，互生，长圆形，先端钝头，近全缘；花1朵，顶生，先下垂，后直立；苞片鳞片状，与叶同形，萼片早落；蒴果椭圆状球形，直立；花期8~9月，果熟期10~11月。

分布 七里沟、宝天曼林区；生长于海拔1000m以上的山坡林下阴湿处。

柿

Diospyros kaki

科名	柿科 Ebenaceae
属名	柿属 *Diospyros*

形态特征 落叶乔木，树皮鳞状片开裂，灰黑色；单叶互生，革质，椭圆状卵形，表面深绿色，有光泽，背面沿叶脉密生褐色柔毛，叶柄粗壮；花4数，杂性，花萼大；花冠钟形，黄白色，雌花单生于叶腋，花萼果期膨大；浆果卵形，果皮薄，橙黄色至淡红色，基部花萼宿存；花期6~7月，果熟期8~10月。

分布 圣垛山、南阴坡、五垭子林区；生长于山坡、田边、村旁。

君迁子
Diospyros lotus

科名	柿科 Ebenaceae
属名	柿属 *Diospyros*

形态特征 落叶乔木，幼枝灰色，有短柔毛；单叶互生，椭圆形，背面被短柔毛；花单性，雌雄异株，淡黄色，花萼3裂，雄花2~3朵簇生；浆果球形，初为黄色，外面常有白蜡层，基部有宿存萼；种子长圆形，扁平，淡黄色；花期5月，果熟期9~10月。

分布 各林区；生长于海拔800m以上的山坡、山谷中。

老鸹铃

Styrax hemsleyanus

科名 安息香科 Styracaceae
属名 安息香属 *Styrax*

形态特征 落叶乔木，树皮黑色，小枝扁圆形；叶二型，小枝下部 2 叶较小而近对生，上部叶互生，椭圆形，上部边缘具细锯齿，背面疏生褐色短柔毛，叶柄疏生星状毛；总状花序顶生或腋生，花白色，芳香，花冠裂片两面均备淡黄色细毛；果实球形，密被灰黄色星状毛；花期 5~6 月，果熟期 8~9 月。

分布 红寺河、猴沟、许窑沟、宝天曼林区；生长于海拔 800m 以上的向阳山坡、疏林、林缘或灌丛中。

保护类别 中国种子植物特有种。

野茉莉

Styrax japonicus

科名 安息香科 Styracaceae
属名 安息香属 *Styrax*

形态特征 落叶小乔木，树皮暗褐色，幼枝被淡黄色星状毛；单叶互生，椭圆形，基部楔形，边缘具疏锯齿，两面无毛，叶柄疏被短柔毛；总状花序花2~4朵或单生叶腋，花梗纤细，下垂；果实卵形，顶端具小尖头，外面密被灰色星状毛；花期4~7月，果熟期9~11月。

分布 宝天曼、七里沟、平坊林区；生长于山谷、山坡杂木林中。

芬芳安息香
Styrax odoratissimus

科名	安息香科 Styracaceae
属名	安息香属 *Styrax*

形态特征 落叶乔木，树皮灰褐色；单叶互生，长椭圆形，顶端渐尖，基本宽楔形，全缘，叶柄被毛；花单生，圆锥花序，花白色；果实近球形，密被灰黄色茸毛；花期3~4月，果熟期6~9月。

分布 银虎沟林区；生长于山坡及山谷疏林中。

保护类别 中国种子植物特有种。

玉铃花
Styrax obassis

科名 安息香科 Styracaceae
属名 安息香属 *Styrax*

形态特征 落叶乔木，树皮灰褐色，平滑，小枝幼时常被褐色星状毛；小枝下部两叶较小而近对生，上部叶互生，宽椭圆形，顶端急尖，基部圆形，边缘具粗锯齿，背面密被灰白色星状茸毛，叶柄被黄棕色长柔毛，基部膨大成鞘包围冬芽；花白色，芳香，单生上部叶腋和顶生，总状花序；果卵形，密被黄褐色尾状短茸毛；花期 5~7 月，果熟期 8~9 月。

分布 蚂蚁沟、牧虎顶林区；生长于海拔 1000m 以上的杂木林中。

秤锤树

Sinojackia xylocarpa

科名 安息香科 Styracaceae
属名 秤锤树属 *Sinojackia*

形态特征 落叶乔木，小枝红褐色，幼时密被星状毛；单叶互生，纸质，椭圆状卵形，先端短渐尖，基部稍心形，边缘具硬质细锯齿；聚伞花序，花3~5个，白色；果实卵形，红褐色，有浅棕色皮孔，种子1粒，栗褐色；花期3~4月，果熟期7~9月。

分布 葛条爬林区；生长于山谷或山坡疏林中。

保护类别 国家Ⅱ级保护野生植物，中国种子植物特有种。

白檀

Symplocos paniculata

科名 山矾科 Symplocaceae
属名 山矾属 *Symplocos*

形态特征 落叶灌木；单叶互生，膜质，椭圆形，边缘具细尖锯齿，叶背常有柔毛；圆锥花序顶生，花白色，子房2室；核果蓝色，卵状球形，稍偏斜，顶端宿存萼片直立；花期4~5月，果熟期8~9月。

分布 各林区；生长于海拔600m以上的山坡、路边、疏林和密林中。

过路黄

Lysimachia christiniae

科名 报春花科 Primulaceae
属名 珍珠菜属 *Lysimachia*

形态特征 多年生草本，被柔毛，茎单生，平卧匍匐生；叶对生，宽卵形，先端急尖，全缘，两面有黑色腺条；花成对腋生，花萼5深裂，裂片背面扁平，有黑色腺条；花黄色，雄蕊5个，花丝基部合生成筒；蒴果球形，有黑色短腺条；花期5~7月，果熟期7~10月。

分布 宝天曼、圣垛山、五垭子、蚂蚁沟、许窑沟、猴沟、回岔沟林区；生长于海拔600m以上的山坡林下、路旁阴湿处或沟边。

保护类别 中国种子植物特有种。

点腺过路黄

Lysimachia hemsleyana

科名　报春花科 Primulaceae
属名　珍珠菜属 *Lysimachia*

形态特征　多年生匍匐草本，茎圆柱形，密被多细胞柔毛；叶对生，卵形，先端锐尖，表面被糙状毛，背面毛较疏，两面均被褐色腺点，侧脉3~4对；花单生于茎中部叶腋，花梗果时下弯，花冠黄色，裂片椭圆形，散生暗红褐色腺点；果近球形；花期4~6月，果熟期5~7月。

分布　宝天曼、红寺河、蚂蚁沟、回岔沟林区；生长于海拔1000m以下的山谷林缘、溪边和路边草丛中。

保护类别　中国种子植物特有种。

金爪儿

Lysimachia grammica

科名 报春花科 Primulaceae
属名 珍珠菜属 *Lysimachia*

形态特征 多年生草本，全株被多细胞柔毛，有明显的紫黑色腺条，茎丛生，柔弱倾斜；茎下部叶对生，近三角状卵形，茎上部叶互生，较小，菱状卵形，叶柄具狭翅；花单生于茎上部叶腋，花梗细弱，较叶长，花萼5深裂，花光黄色；蒴果球形，5棱沟；花期4~6月，果熟期7~10月。

分布 南阴坡、圣垛山、葛条爬、五岈子林区；生长于海拔600~1500m的山坡荒地、路旁。

保护类别 中国种子植物特有种。

狭叶珍珠菜
Lysimachia pentapetala

科名 报春花科 Primulaceae
属名 珍珠菜属 *Lysimachia*

形态特征 一年生草本，茎直立，多分枝，密被褐色腺体；叶互生，狭披针形，先端渐尖，全缘，两面无毛，背面有赤褐色腺体，叶柄短；总状花序顶生，苞片线形，花萼下部合生，花冠白色；蒴果球形，5瓣裂；花期6~7月，果熟期7~8月。

分布 银虎沟、南阴坡、圣垛山、宝天曼林区；生长于海拔600m以上的山坡荒地、路旁和疏林下。

保护类别 中国种子植物特有种。

铁仔

Myrsine Africana

科名 紫金牛科 Myrsinaceae

属名 铁仔属 *Myrsine*

形态特征 落叶灌木，小枝具棱角；单叶互生，革质，椭圆状卵形，先端近圆形，常具小尖头，下部全缘，中部以上生刺状齿，近边缘有腺点，无毛；花数朵簇生于叶腋，萼片4裂，基部合生，有腺点，花冠4深裂，裂片三角状，有黑腺点；浆果球形，黑紫色；种子1粒，淡棕色，球形；花期3~4月，果熟期8~9月。

分布 京子垛、圣垛山林区；生长于海拔600~1500m的山坡林下或灌木丛中。

海金子

Pittosporum illicioides

科名 海桐科 PriPittosporaceae
属名 海桐属 *Pittosporum*

形态特征 常绿灌木，嫩枝无毛，老枝有皮孔；叶生于枝顶，3~8片簇生呈假轮生状，薄革质，倒卵状披针形，先端渐尖，基部窄楔形，常向下延，上面深绿色，干后仍发亮，下面浅绿色，无毛；侧脉6~8对，在上面不明显，在下面稍突起；伞形花序顶生，有花2~10朵，花梗纤细，无毛，常向下弯；苞片细小，早落；萼片卵形，先端钝，无毛；蒴果近圆形，3片裂开，果片薄木质，种子8~15个；花期5月，果熟期8~9月。

分布 银虎沟、猴沟、许窑沟、蚂蚁沟、红寺河、五岈子林区；生长于山坡及山谷杂木林中。

东北茶藨子

Ribes mandshuricum

科名　茶藨子科 Grossulariaceae
属名　茶藨子属 *Ribes*

形态特征　落叶灌木，小枝褐灰色，枝皮剥落，无刺；单叶互生，宽大，基部心形，掌状3裂，裂片卵状三角形，顶生裂片比侧生裂片稍长，边缘具不整齐粗锐锯齿，叶柄具短柔毛；总状花序，下垂，总花梗密生茸毛，花绿黄色，花萼浅碟形，花瓣小，柱头2裂；浆果球形，红色，后变黑色；花期4~5月，果熟期7~8月。

分布　宝天曼林区；生长于海拔1000m以上的山坡或山谷林下。

大苞景天
Sedum amplibracteatum

科名 景天科 Crassulaceae
属名 景天属 *Sedum*

形态特征 一年生草本，茎肉质，粗壮，呈透明状；叶互生，上部为3叶轮生，下部叶常脱落；聚伞花序常三歧分枝，每枝有1~4花；萼片5，宽三角形；花瓣5，黄色，长圆形；雄蕊5或10个，2轮；心皮5，略开裂，基部合生；蓇葖果，纺锤形；花期8~9月，果熟期9~10月。

分布 红寺河、七里沟、宝天曼林区；生长于海拔1000m以上的山谷林下阴湿岩石或沟边。

堪察加费菜

Phedimus kamtschaticu

科名 景天科 Crassulaceae
属名 费菜属 *Phedimus*

形态特征 多年生草本，全株无毛；叶互生，披针形，边缘有不整齐锯齿；聚伞花序多花，分枝平展；萼片5，绿色；花瓣5，黄色；雄蕊10，较花瓣短；蓇葖果星芒状排列；种子长圆形，光亮，有狭翅；花期6~7月，果熟期8~9月。

分布 林区；生长于山坡灌丛及山谷杂木林下阴湿处。

秦岭金腰
Chrysosplenium biondianum

科名 虎耳草科 Saxifragaceae
属名 金腰属 *Chrysosplenium*

形态特征 多年生草本，全株无毛；基生叶早落，不育枝上的叶对生，常3~5对，圆形，近枝顶逐渐增大，边缘基部以上具钝锯齿；花雌雄异株，成稀疏的聚伞花序，苞片叶状，黄绿色；蒴果开裂后呈浅杯状，具多数种子；种子卵圆形，具纵肋多条，红褐色；花期5~6月，果熟期6~7月。

分布 宝天曼、猴沟、许窑沟林区；生长于海拔1000m以上的山坡或山谷林下阴湿处。

保护类别 中国种子植物特有种。

七叶鬼灯檠
Rodgersia aesculifolia

科名	虎耳草科 Saxifragaceae
属名	鬼灯檠属 *Rodgersia*

形态特征 多年生大型草本，根茎粗壮，横走；掌状复叶，狭倒卵形，具长柄，基部扩大呈鞘状，具长柔毛，小叶5~7，边缘具重锯齿；聚伞圆锥花序顶生，密被褐色柔毛；花多数，密集，花梗极短；萼片5，白色，近三角形；蒴果卵形，具2喙，种子多数，褐色；花期6~7月，果熟期9~10月。

分布 各林区；生长于海拔1000m以上的山坡或山谷林下阴湿处。

落新妇
Astilbe chinensis

科名 虎耳草科 Saxifragaceae
属名 落新妇属 *Astilbe*

形态特征 多年生草本；基生叶2~3回三出羽状复叶；茎生叶2或3，较小；圆锥花序，花序轴密被褐色长柔毛，花密集，萼片5，卵形，花瓣5，淡紫色，线形；蒴果；花期6~8月，果熟期9~10月。

分布 各林区；生长于海拔600m以上的山谷溪旁或林缘。

黄水枝
Tiarella polyphylla

科名	虎耳草科 Saxifragaceae
属名	黄水枝属 *Tiarella*

形态特征 多年生草本，密被腺毛；叶互生，基生叶心形具长柄，茎生叶叶柄较短；总状花序顶生，疏生多花，花白色，小型；萼片在花期直立，管状，裂片5；无花瓣；雄蕊10，花丝钻形；蒴果，顶端具尾尖；种子肾形，紫褐色，光亮；花期6~7月，果熟期7~9月。

分布 宝天曼、七里沟、猴沟、蚂蚁沟林区；生长于海拔1000m以上的林下阴湿处。

大花溲疏

Deutzia grandiflora

科名 虎耳草科 Saxifragaceae
属名 溲疏属 *Deutzia*

形态特征 落叶灌木，小枝有星状毛；单叶对生，有短柄，卵形，边缘具小锯齿，背面密被白色星状毛；聚伞花序1~3朵花，生侧枝顶端，萼片5个；白色花瓣5枚；蒴果半球形，具宿存花柱；花期4~5月，果熟期7~8月。

分布 各林区；生长于山坡灌丛中。

保护类别 中国种子植物特有种。

粉背溲疏
Deutzia hypoglauca

科名　绣球花科 Hydrangeaceae
属名　溲疏属 *Deutzia*

形态特征　落叶灌木，小枝无毛，老时栗褐色，脱落；单叶对生，卵状长圆形，先端锐尖，基部楔形，边缘有细锯齿，背面无毛，被白粉；伞房花序椭圆形，花梗光滑，花白色，萼裂片三角形，先端钝，短于萼筒，疏生星状毛，花瓣5个，倒卵圆形；蒴果半球形，具宿存、反折的萼裂片；花期5~6月，果熟期7~8月。

分布　圣垛山林区；生长于山坡疏林中。

保护类别　中国种子植物特有种。

山梅花
Philadelphus incanus

科名 虎耳草科 Saxifragaceae
属名 山梅花属 *Philadelphus*

形态特征 落叶灌木，老枝褐色，片状剥裂；叶卵形，对生，上面被刚毛，背面密生长柔毛；总状花序，7~11 朵花，白色；萼密生灰色长柔毛，裂片 4，边缘及内面有短柔毛；蒴果倒卵形；种子扁平，长圆状纺锤形；花期 5~6 月，果熟期 7~8 月。

分布 各林区；生长于海拔 1000m 以上的山坡灌丛或山谷溪旁。

保护类别 中国种子植物特有种。

莼兰绣球

Hydrangea longipes

科名　绣球花科 Hydrangeaceae
属名　绣球属 *Hydrangea*

形态特征　直立灌木，枝细长，圆柱形，黄褐色；单叶对生，膜质，宽卵形，先端急尖，边缘具不规则锐尖锯齿，两面粗糙，侧脉 5~7 对，叶柄细长；伞房状聚伞花序顶生，不育花有 4 个大型萼片，全缘，无毛；能育花小，白色，花瓣结成冠盖花冠；蒴果近球形，具纵肋 10 条，种子近长圆形，褐色；花期 6~7 月，果熟期 8~9 月。

分布　宝天曼、红寺河、蚂蚁沟、许窑沟林区；生长于海拔 1000m 以上的山谷溪旁或杂木林中。

保护类别　中国种子植物特有种。

挂苦绣球

Hydrangea xanthoneura

科名 虎耳草科 Saxifragaceae
属名 绣球属 *Hydrangea*

形态特征 落叶灌木，二年生枝无毛，棕褐色，具皮孔；单叶对生，纸质，先端渐尖，基部阔楔形，边缘有细密锐尖锯齿，叶脉淡黄色，侧脉7~8对；伞房状聚伞花序顶生，不育花具长梗，萼片4，全缘；花瓣4~5枚，白色，分离；蒴果卵圆形，顶端突出部分圆锥形；种子褐色，扁平，具纵脉纹；花期6~7月，果熟期8~9月。

分布 宝天曼、红寺河林区；生长于海拔1000m以上的山沟溪旁及疏林。

保护类别 中国种子植物特有种。

蜡莲绣球

Hydrangea strigosa

科名 绣球花科 Hydrangeaceae
属名 绣球属 *Hydrangea*

形态特征 落叶灌木,幼枝有伏毛;单叶对生,卵状披针形,先端渐尖,基部楔形,边缘有带突尖小锯齿,背面灰色,密被粗伏毛,尤以沿脉更密,叶柄被粗伏毛;伞房状聚伞花序顶生,花序轴和花梗有粗毛,不育花萼片4个,白色,宽卵形,两面均被粗毛;花瓣扩展或连合成冠盖,白色,雄蕊不等长;蒴果半球形,顶端平截,有纵肋,种子椭圆形;花期7~8月,果熟期9~10月。

分布 宝天曼、七里沟林区;生长于林中或山谷溪旁。

保护类别 中国种子植物特有种。

三裂绣线菊
Spiraea trilobata

科名	蔷薇科 Rosaceae
属名	绣线菊属 *Spiraea*

形态特征 落叶灌木，枝细，开展，幼枝黄褐色，老枝灰褐色；单叶互生，圆形，常3裂，两面无毛，具3~5基出脉；伞形花序具总梗，生侧枝顶端；萼筒钟状，外面无毛，内面有灰白色短柔毛，萼片三角形，先端急尖；花瓣有大小不等的裂片，排成圆环形；蓇葖果开张，花柱顶生，稍倾斜，具直立萼片；花期5~6月，果熟期8~9月。

分布 宝天曼、牧虎顶、平坊林区；生长于海拔1000m以上的山坡灌丛或石缝中。

毛花绣线菊
Spiraea dasyantha

科名 蔷薇科 Rosaceae
属名 绣线菊属 *Spiraea*

形态特征 落叶灌木,枝呈"之"字形弯曲;单叶互生,菱状卵形,边缘基部 1/3 以上具缺刻状锯齿,羽状叶脉,表面疏生短柔毛,背面密生灰白色茸毛,叶柄具茸毛;伞形花序具总梗,密生灰白色茸毛,花多数;花白色,萼筒杯状,外面密被白色茸毛;蓇葖果开张,被茸毛,萼裂片斜开张;花期 5~6 月,果熟期 8~9 月。

分布 南阴坡、银虎沟、许窑沟、蚂蚁沟、圣垛山林区;生长于向阳山坡和灌丛中。

保护类别 中国种子植物特有种。

绢毛绣线菊

Spiraea sericea

科名　蔷薇科 Rosaceae
属名　绣线菊属 *Spiraea*

形态特征　落叶灌木，小枝近圆形，红褐色，被短柔毛，老枝片状剥落；单叶互生，卵状椭圆形，先端急尖，基部楔形，表面深绿色，背面密生长绢毛，叶脉羽状，叶柄密生绢毛；伞形花序生侧枝顶端，具 15~30 朵花，苞片线形，无毛，花白色，萼筒近钟形，花瓣近圆形；蓇葖果直立或稍开展，被短柔毛；花期 4~5 月，果熟期 6~7 月。

分布　各林区；生长于山坡灌丛或杂木林中。

华北珍珠梅

Sorbaria kirilowii

科名　蔷薇科 Rosaceae
属名　珍珠梅属 *Sorbaria*

形态特征　落叶灌木，枝条开展，小枝圆柱形，红褐色；羽状复叶，光滑无毛，小叶片对生，披针形，边缘具尖锐重锯齿，羽状网脉，侧脉近平行；顶生大型密集圆锥花序，苞片线状披针形，全缘；萼筒浅钟形，萼片全缘；花瓣白色，雄蕊20，着生在花盘边缘；蓇葖果长圆柱形，无毛，萼片宿存，反折；花期 5~6 月，果熟期 8~9 月。

分布　宝天曼、猴沟、七里沟、许窑沟、蚂蚁沟林区；生长于海拔 600~1300m 的山坡灌丛或山谷溪旁。

保护类别　中国种子植物特有种。

西北栒子
Cotoneaster zabelii

科名 蔷薇科 Rosaceae
属名 栒子属 *Cotoneaster*

形态特征 落叶灌木，小枝细长，开展；单叶互生，宽卵形，先端圆钝，全缘，背面密被茸毛，托叶披针形，有毛；伞房花序稍下垂，花粉红色；萼筒钟状，外面密被柔毛，里面无毛；花瓣直立，浅红色；果实倒卵形，鲜红色，有2个小核；花期5~6月，果熟期8~9月。

分布 红寺河、宝天曼、京子垛林区；生长于海拔1000m以上的石灰岩山地、山坡灌丛或林缘。

保护类别 中国种子植物特有种。

灰枸子
Cotoneaster acutifolius

科名	蔷薇科 Rosaceae
属名	栒子属 *Cotoneaster*

形态特征 落叶灌木，小枝圆柱形，红褐色，无毛；单叶互生，椭圆形，全缘，表面深绿色，叶柄粗短；聚伞花序，花瓣直立，花粉红色；萼筒钟状，里面无毛；果实倒卵形，黑色，内有小核 2~3 个；花期 5~6 月，果熟期 9 月。

分布 猴沟、宝天曼、许窑沟、红寺河林区；生长于海拔 1000m 以上的山坡或山谷林中。

华中栒子
Cotoneaster zabelii

科名 蔷薇科 Rosaceae
属名 栒子属 *Cotoneaster*

形态特征 落叶灌木，小枝细，拱形弯曲，棕红色；单叶互生，椭圆形，先端急尖，基部圆形，全缘，表面无毛，背面有灰色茸毛，叶柄具茸毛；伞房花序有3~7花，总花梗和花梗有细柔毛，花白色，萼筒钟状，外面有细长柔毛，裂片三角形，花瓣近圆形，平展；果实近球形，红色，常2个小核连合为1个；花期5~6月，果熟期8~9月。

分布 圣垛山、牧虎顶林区；生长于海拔600m以上的山坡杂木林中。

保护类别 中国种子植物特有种。

麻核枸子
Cotoneaster foveolatus

科名	蔷薇科 Rosaceae
属名	栒子属 *Cotoneaster*

形态特征 落叶灌木，枝开展，小枝红褐色；单叶互生，椭圆形，先端渐尖，基部宽楔形，全缘，表面深绿色，被稀疏短柔毛，老时无毛，叶背面淡绿色，幼时被稀疏短柔毛；伞房花序有 3~7 花，总花梗和花梗有柔毛，苞片线形，被柔毛；花粉红色，萼钟状，裂片三角形；果实近球形，黑色，小核 2~4 个，背部有沟和浅凹点；花期 6 月，果熟期 8~9 月。

分布 宝天曼、猴沟、牧虎顶林区；生长于海拔 1000m 以上的山坡或山沟灌丛和疏林中。

保护类别 中国种子植物特有种。

小叶石楠

Photinia parvifolia

科名	蔷薇科 Rosaceae
属名	石楠属 *Photinia*

形态特征 落叶灌木，小枝红褐色，有黄色散生皮孔；单叶互生，椭圆形，先端渐尖，边缘带腺锐锯齿，侧脉 4~6 对；伞形花序生于侧枝顶端，无总花梗，花白色，花中部以下合生；梨果椭圆形，橘红色或紫色；花期 4~5 月，果熟期 8~9 月。

分布 南阴坡、圣垛山、红寺河、银虎沟、宝天曼林区；生长于海拔 1000m 以上的山坡灌丛或疏林中。

保护类别 中国种子植物特有种。

山楂

Crataegus pinnatifida

科名 蔷薇科 Rosaceae
属名 山楂属 *Crataegus*

形态特征 落叶乔木，小枝紫褐色，有刺，树皮粗糙；单叶互生，宽卵形，3~5 羽状深裂，边缘有尖锐重锯齿，背面沿脉有梳毛；伞房花序有柔毛，花白色；果实近球形，深红色，有浅色斑点；小核 3~5，外面具棱；花期 4~5 月，果熟期 9~10 月。

分布 京子垛、宝天曼、圣垛山林区；生长于海拔 600~1500m 的山坡林缘或疏林中。

甘肃山楂

Crataegus kansuensis

科名 蔷薇科 Rosaceae
属名 山楂属 *Crataegus*

形态特征 落叶小乔木，刺锥形，小枝圆柱形；单叶互生，宽卵形，先端急尖，基部楔形，稀近圆形，边缘有尖锐重锯齿，裂片三角状圆卵形，先端急尖，背面沿中脉及腋脉具簇毛，叶柄无毛，托叶草质，镰状，边缘具腺齿，早落；伞房花序，花梗细，苞片膜质，披针形，边缘具腺齿；萼筒外面无毛，萼裂片三角状卵圆形，先端渐尖，全缘，两面均无毛；花瓣近圆形，白色，雄蕊较花瓣短；果实近球形，红色，小核2~3个，内侧两面有凹痕；花期5月，果熟期9~10月。

分布 平坊、宝天曼、牧虎顶林区；生长于海拔1000m以上的山坡杂木林中。

保护类别 中国种子植物特有种。

湖北山楂
Crataegus hupehensis

科名 蔷薇科 Rosaceae
属名 山楂属 *Crataegus*

形态特征 落叶乔木，小枝紫褐色，无毛，有刺；单叶互生，三角状卵形，先端短渐尖，基部宽楔形，边缘具圆钝重锯齿，叶柄无毛；伞房花序，总花梗和花梗均无毛，花白色，萼无毛；梨果近球形，深红色，有小核5个，内面两侧无凹痕；花期4~5月，果熟期8~9月。

分布 红寺河、猴沟、银虎沟，许窑沟、回岔沟、圣垛山林区；生长于海拔600m以上的山坡灌丛或疏林中。

保护类别 中国种子植物特有种。

湖北花楸
Sorbus hupehensis

科名 蔷薇科 Rosaceae
属名 花楸属 *Sorbus*

形态特征 落叶乔木，小枝暗灰褐色；羽状复叶，小叶11~17个，长圆状披针形，先端急尖，基部1/3有锐锯齿，托叶小，早落；复伞房花序有多花，总花梗和花梗无毛，花白色，花瓣圆卵形；果实球形，白色，萼片闭合宿存；花期4~5月，果熟期9~10月。

分布 红寺河、七里沟、圣垛山林区；生长于海拔1000m以上的山坡或山谷杂木林中。

保护类别 中国种子植物特有种。

水榆花楸

Sorbus alnifolia

科名	蔷薇科 Rosaceae
属名	花楸属 *Sorbus*

形态特征 落叶乔木，小枝具灰白色皮孔；单叶互生，卵形，先端渐尖，边缘具不整齐重锯齿，侧脉 8~14 对，近平行；伞房花序多花，总花梗极短；花白色，萼筒外面无毛，裂片 5 个，里面密生白茸毛；果实椭圆形，红色或黄色，萼片脱落后残留为圆穴；花期 5~6 月，果熟期 9~10 月。

分布 各林区；生长于海拔 1000m 以上的山坡或山谷杂木林中。

石灰花楸
Sorbus folgneri

科名 蔷薇科 Rosaceae
属名 花楸属 *Sorbus*

形态特征 落叶乔木，幼枝、叶柄、叶背面、总花梗、花梗及萼筒外面均密被白色茸毛；叶卵形，互生，先端急尖，边缘有细锐单锯齿，侧脉8~12对，近平行；复伞花序有多花，花白色；梨果椭圆形，红色，萼裂片脱落后留有圆穴；花期4~5月，果熟期8~9月。

分布 各林区；生长于海拔800m以上的山坡杂木林中。

保护类别 中国种子植物特有种。

唐棣
Amelanchier sinica

科名 蔷薇科 Rosaceae
属名 唐棣属 *Amelanchier*

形态特征 落叶小乔木；单叶互生，卵形，边缘有细锐锯齿；总状花序具多花，萼筒杯状，萼片5，披针形；花瓣5，白色，雄蕊20，子房下位；果实近球形，蓝黑色，萼裂片反折；花期4~5月，果熟期8~9月。

分布 各林区；生长于海拔1000m以上的山坡疏林中。

保护类别 中国种子植物特有种。

杜梨
Pyrus betulifolia

科名 蔷薇科 Rosaceae
属名 梨属 *Pyrus*

形态特征 落叶乔木，枝常带刺，幼枝、幼叶两面、总花梗、花梗和萼筒外均生灰白色茸毛；单叶互生，长卵形，先端尖，边缘具尖锐粗锯齿，叶柄长；伞房花序多花，花白色，花瓣宽卵形，具短爪；雄蕊20个，长为花瓣的一半，花柱离生；梨果卵形，褐色，有淡色斑点，萼裂片脱落，果梗具茸毛；花期4~5月，果熟期8~9月。

分布 各林区；生长于浅山丘陵地带。

褐梨

Pyrus phaeocarpa

科名 蔷薇科 Rosaceae
属名 梨属 *Pyrus*

形态特征 落叶乔木,小枝粗壮,紫褐色;叶圆状卵形,先端长渐尖,基部宽楔形,边缘具开张牙齿状尖锯齿,背面幼时具毛,托叶膜质,线状披针形,边缘具稀疏腺齿;伞房花序有5~8花,花白色,花卵形,具短爪;梨果球形,褐色,具淡褐色斑点,萼裂片脱落;花期4~5月,果熟期6~10月。

分布 蚂蚁沟、宝天曼林区;生长于海拔1000m以上的山坡或林缘。

保护类别 中国种子植物特有种。

木梨

Pyrus xerophila

科名 蔷薇科 Rosaceae
属名 梨属 *Pyrus*

形态特征 落叶乔木，小枝粗壮，灰褐色，幼时无毛；单叶互生，卵形，先端渐尖，基部圆形，边缘有圆细锯齿，两面均无毛，叶柄无毛；托叶膜质，线状披针形，边缘具腺齿，早落；伞房花序有3~6花，总花梗和花梗幼时生柔毛，花白色，花瓣宽卵形，基部具爪；梨果球形，褐色，具斑点，萼裂片直立或内曲；花期5月，果熟期7~8月。

分布 蚂蚁沟林区；生长于海拔1000m以上的山坡杂木林中。

保护类别 中国种子植物特有种。

山荆子

Malus baccata

科名 蔷薇科 Rosaceae
属名 苹果属 *Malus*

形态特征 落叶乔木，小枝无毛，暗褐色；单叶互生，椭圆形，先端锐尖，边缘具细锯齿，两面无毛，叶柄长；伞形花序，聚生小枝顶端，无总梗；花白色，萼筒无毛；果实近球形，红或黄色，萼裂片脱落，果梗长；花期4~5月，果熟期8~9月。

分布 南阴坡、猴沟、宝天曼林区；生长于山坡或山谷杂木林中。

陇东海棠

Malus kansuensis

科名 蔷薇科 Rosaceae
属名 苹果属 *Malus*

形态特征 落叶灌木，小枝粗壮，圆柱形，嫩时有短柔毛，不久脱落；单叶互生，卵形，先端急尖，基部圆形，边缘有细锐重锯齿，通常3浅裂，裂片三角卵形，先端急尖，下面有稀疏短柔毛，托叶草质，线状披针形，边缘有疏生腺齿；伞形总状花序，苞片膜质，很早脱落，萼筒外面有长柔毛，萼片三角卵形，全缘，外面无毛，内面具长柔毛，花瓣白色；果实椭圆形，黄红色，有少数石细胞，萼片脱落；花期5~6月，果熟期7~8月。

分布 宝天曼、红寺河、七里沟、牧虎顶林区；生长于海拔1500m以上的山坡杂木林或灌木丛中。

保护类别 中国种子植物特有种。

河南海棠

Malus honanensis

科名 蔷薇科 Rosaceae
属名 苹果属 *Malus*

形态特征 落叶灌木，小枝细弱，老枝红褐色，无毛；单叶互生，宽卵形，先端急尖，基部圆形，常7~13浅裂，边缘有尖锐重锯齿，背面疏生短茸毛，叶柄疏生柔毛；伞房花序有5~10花，花粉红色，萼筒疏生茸毛，裂片三角状卵形，较萼筒短，花瓣近圆形，雄蕊比花瓣短，花柱无毛；果实近球形，红黄色；萼裂片宿存；花期4~5月，果熟期8~9月。

分布 宝天曼，红寺河、七里沟、猴沟、牧虎顶林区；生长于山坡或山谷杂木林中。

保护类别 中国种子植物特有种，河南省重点保护植物。

湖北海棠

Malus hupehensis

科名 蔷薇科 Rosaceae
属名 苹果属 *Malus*

形态特征 落叶乔木，小枝紫色，初有短柔毛，后脱落；单叶互生，卵形，先端渐尖，基部圆形，边缘有细锐锯齿，背面幼时沿脉有细毛，后无毛；近伞形花序有 4~6 花，花梗无毛，花粉白色，萼裂片三角状卵形，花瓣倒圆卵形；果实椭圆形，黄绿色，萼裂片脱落；花期 4~5 月，果熟期 8~9 月。

分布 红寺河、七里沟、猴沟、蚂蚁沟、回岔沟林区；生长于山坡或山谷杂木林中。

保护类别 中国种子植物特有种。

美蔷薇

Rosa bella

科名 蔷薇科 Rosaceae

属名 蔷薇属 *Rosa*

形态特征 落叶灌木，小枝有细直刺，近基部有刺毛；奇数羽状复叶，小叶 7~9 枚，长椭圆形，边缘有锐锯齿，背面无毛，叶柄和叶轴有柔毛；托叶宽，大部分与叶柄合生，边缘有腺齿；花单生或 2~3 朵聚生，苞片 1~3 个卵状披针形，花粉红色，芳香，萼裂片尾状全缘；果实椭圆形，深红色，顶端渐细成颈状；花期 5~6 月，果熟期 8~9 月。

分布 圣垛山、蚂蚁沟、猴沟、宝天曼林区；生长于山坡灌丛或疏林中。

保护类别 中国种子植物特有种。

钝叶蔷薇

Rosa sertata

科名 蔷薇科 Rosaceae
属名 蔷薇属 *Rosa*

形态特征 落叶细小灌木，枝有直立细刺；奇数羽状复叶，小叶 7~11 个，宽椭圆形，先端钝，边缘具锐锯齿，叶柄于叶轴疏生腺毛和小刺；托叶宽大，大部分附着于叶柄上，边缘有腺毛；花单生或数花簇生，苞片叶状，有腺齿，花红色，萼片全缘；果实卵形，深红色，有宿存萼裂片；花期 5~7 月，果熟期 8~10 月。

分布 南阴坡、银虎沟、红寺河、宝天曼林区；生长于海拔 1000m 以上的山坡、山谷灌丛或林下。

保护类别 中国种子植物特有种。

软条七蔷薇

Rosa henryi

科名 蔷薇科 Rosaceae
属名 蔷薇属 *Rosa*

形态特征 落叶蔓生藤本,小枝具粗短钩刺,幼枝红褐色,无毛;奇数羽状复叶,小叶5枚,椭圆形,先端渐尖,边缘具锐单锯齿,背面灰白色,顶生小叶柄较长;伞房花序具多花,花瓣白色,芳香,萼裂片卵状披针形,先端尾状渐尖,外面具腺毛;果实球形,深红色,有光泽,萼裂片脱落;花期5~6月,果熟期9~10月。

分布 各林区;生长于山坡或山沟杂木林中。

保护类别 中国种子植物特有种。

华西蔷薇
Rosa moyesii

科名 蔷薇科 Rosaceae
属名 蔷薇属 *Rosa*

形态特征 落叶灌木,茎散生成对基部宽大的刺;奇数羽状复叶,小叶 7~13 枚,卵形,先端急尖,基部宽楔形,边缘有锯齿,叶柄与叶轴散生刺,托叶大都附着于叶柄上,边缘具腺毛;花单生或 2~3 多聚生,苞片卵形,花梗和花托具刺状腺毛,花深红色,花瓣倒卵形;蔷薇果长圆状卵形,先端收缩成颈状,深红色,有刺状腺毛;花期 5~6 月,果熟期 8~9 月。

分布 宝天曼、红寺河林区;生长于海拔 1500m 以上的山坡或山谷林下、灌丛中。

保护类别 中国种子植物特有种。

棣棠花

Kerria japonica

科名 蔷薇科 Rosaceae
属名 棣棠花属 *Kerria*

形态特征 落叶灌木，小枝绿色，无毛；单叶互生，三角状卵形，先端渐尖，边缘有锐尖重锯齿，膜质托叶钻形；花单生于当年生侧枝顶端，花瓣黄色，萼裂片椭圆形，全缘；瘦果黑褐色，半圆形；花期3~5月，果熟期7~8月。

分布 各林区；生长于海拔600m以上的山坡、山谷灌丛或杂木林中。

插田泡
Rubus coreanus

科名 蔷薇科 Rosaceae
属名 悬钩子属 *Rubus*

形态特征 落叶灌木，枝粗壮，红褐色，被白粉，有粗壮钩刺；奇数羽状复叶，小叶5枚，卵形，先端急尖，边缘有不整齐粗锯齿，侧脉5~6对，顶生小叶具叶柄，先端常3裂，侧生小叶近无柄；伞房花序生侧枝顶端，花粉红色，花瓣紧贴雄蕊；浆果状聚合果，近球形，红色或紫黑色；花期5~6月，果熟期7~8月。

分布 各林区；生长于海拔1500m以下的山坡灌丛或山谷路旁、河边。

山莓
Rubus corchorifolius

科名 蔷薇科 Rosaceae
属名 悬钩子属 *Rubus*

形态特征 落叶灌木,茎直立,疏生针状弯钩;单叶互生,卵形,先端急尖,边缘具不整齐重锯齿;花单生或少数生于短枝上;花萼5裂,裂片卵形;花瓣5,长圆形,白色,雄雌蕊均多数,子房有柔毛;浆果状聚合果,红色,密被细柔毛;花期4~5月,果熟期6~7月。

分布 各林区;生长于山坡灌丛、山谷溪旁或疏林中。

蓬蘽
Rubus hirsutus

科名 蔷薇科 Rosaceae
属名 悬钩子属 *Rubus*

形态特征 落叶灌木，茎细，有腺毛，疏生皮刺；奇数羽状复叶，小叶 3~5 枚，卵形，先端锐尖，两面微生白色柔毛，叶柄于叶轴密生短柔毛；花单生侧枝顶端，白色，萼裂片三角状披针形，两面密生茸毛；聚合果近球形，红色；花期 3~4 月，果熟期 5~6 月。

分布 各林区；生长于山坡灌丛或山谷溪旁。

绵果悬钩子

Rubus lasiostylus

科名 蔷薇科 Rosaceae
属名 悬钩子属 *Rubus*

形态特征 落叶灌木，枝红褐色，具白粉，刺针状；奇数羽状复叶，小叶 3~5 个，卵形先端渐尖，基部圆形，边缘具不整齐重锯齿，表面深绿色，被细柔毛，背面被白色茸毛，沿脉有刺，侧脉 5~6 对，顶生小叶较大，叶柄与叶轴均有细刺，托叶披针形，膜质，全缘，无毛；伞房花序具 2~6 花，着生枝端，下垂，花梗细，花瓣红色，近圆形，基部具短爪，直立，较萼裂片稍短；聚合果近球形，红色，被绵毛；花期 6 月，果熟期 7~8 月。

分布 京子垛、宝天曼林、七里沟、红寺河、牧虎顶林区；生长于海拔 1000m 以上的山谷林下或溪旁。

保护类别 中国种子植物特有种。

秀丽莓

Rubus amabilis

科名 蔷薇科 Rosaceae
属名 悬钩子属 *Rubus*

形态特征 落叶灌木，茎铺散，无毛，上部无刺；奇数羽状复叶，小叶 7~9 个，上部小叶较下部大，卵形，基部近圆形，边缘具不整齐粗锯齿，表面无毛，顶生小叶较大，侧生小叶近无柄，托叶全缘；花白色，单生枝端，下垂，花梗具细刺，花柱无毛；聚合果椭圆形，红色，无毛；花期 4~5 月，果熟期 8~9 月。

分布 七里沟、宝天曼、牧虎顶、平坊、猴沟林区；生长于海拔 1200m 以上的山沟林下。

保护类别 中国种子植物特有种。

弓茎悬钩子
Rubus flosculosus

科名 蔷薇科 Rosaceae
属名 悬钩子属 *Rubus*

形态特征 落叶灌木,茎拱曲,红褐色,散生弯刺;奇数羽状复叶,小叶 5~7 个,卵状长圆形,顶生小叶菱状卵形,先端渐尖,基部近圆形,边缘具重锯齿,背面密生白色茸毛,侧生小叶较小,近无柄;狭总状圆锥花序,顶生,花梗细,花粉红色,萼裂片卵形,先端急尖,外面密生灰白色茸毛,花瓣近圆形,基部具爪,较萼裂片稍长,花柱无毛;聚合果近球形,暗红色或褐色;花期 5~6 月,果熟期 7~8 月。

分布 猴沟、银虎沟、许窑沟、蚂蚁沟林区;生长于山谷河道两旁、路边。

保护类别 中国种子植物特有种。

杏
Armeniaca vulgaris

科名 蔷薇科 Rosaceae

属名 杏属 *Armeniaca*

形态特征 落叶乔木，小枝灰褐色；单叶互生，卵形，先端短锐尖，基部圆形，边缘有圆钝锯齿，两面无毛，叶柄近顶端有2个腺体；花单生，先叶开放，近无梗，花白色或粉红色；核果球形，黄白色，有纵沟，核平滑；花期3~4月，果熟期6~7月。

分布 圣垛山、南阴坡、蚂蚁沟、回岔沟、五岈子、红寺河林区；生长于路边、沟边（栽培种）。

多毛樱桃
Cerasus polytricha

科名 蔷薇科 Rosaceae
属名 樱属 *Cerasus*

形态特征 落叶灌木或乔木；单叶互生，倒卵形，边缘有锯齿；花序伞形，花2~4朵，萼筒钟形，萼片5，卵状三角形；花瓣5，白粉色，卵形；雄蕊20~30，雌蕊1，柱头头状；核果红色，卵球形；花期4月，果熟期5~6月。

分布 各林区；生长于海拔1000m以上的山沟杂木林中。

保护类别 中国种子植物特有种。

尾叶樱桃
Cerasus dielsiana

科名 蔷薇科 Rosaceae
属名 樱属 *Cerasus*

形态特征 落叶灌木或小乔木，小枝褐色，无毛；单叶互生，长圆形；先端尾状渐尖，两面无毛，叶柄有1~3个腺体；花先叶开放，3~5朵成伞形花序，苞片边缘具腺齿，萼片反卷，花瓣粉红色或白色；核果球形，红色，核平滑；花期4~5月，果熟期6月。

分布 各林区；生长于海拔600~1300m的山坡或山沟疏林中。

保护类别 中国种子植物特有种。

微毛樱桃
Cerasus clarofolia

科名 蔷薇科 Rosaceae
属名 樱属 *Cerasus*

形态特征 落叶乔木，小枝粗壮，褐色无毛；单叶互生，倒卵形，先端锐尖，基部圆形，边缘有尖锐重锯齿，近基部有 2~3 个腺体，表背面沿脉有柔毛，叶柄近无毛，托叶分裂，早落；花 1~3 个簇生，叶状苞片卵形，有腺齿；花白色，萼筒无毛，裂片反卷，边缘有细齿，比萼筒短，花瓣宽椭圆形；核果卵球形，无纵沟，红色；花期 4~5 月，果熟期 5~6 月。

分布 宝天曼、猴沟、红寺河林区；生长于海拔 1000m 以上的山坡或山谷杂木林中。

保护类别 中国种子植物特有种。

稠李
Padus racemosa

科名 蔷薇科 Rosaceae
属名 稠李属 *Padus*

形态特征 落叶乔木；单叶互生，椭圆形，边缘具不规则重锯齿；总状花序具多花，萼筒钟形，萼片5，花瓣5，白色，雄蕊长为花瓣的一半；核果卵球形，黑色；花期5月，果熟期9月。

分布 宝天曼、京子垛、红寺河、蚂蚁沟、许窑沟、圣垛山林区；生长于海拔1000m以上的山坡或山谷杂木林中。

细齿稠李

Padus obtusata

科名 蔷薇科 Rosaceae
属名 稠李属 *Padus*

形态特征 落叶乔木；单叶互生，窄长圆形，边缘有细密锯齿；总状花序具多花；萼筒钟形，萼片5，花瓣5，白色，雄蕊与花瓣近等长；核果卵球形，黑色；花期5月，果熟期7~8月。

分布 宝天曼、红寺河、京子垛、猴沟林区；生长于海拔1000m以上的山坡或山谷杂木林中。

保护类别 中国种子植物特有种。

短梗稠李
Padus brachypoda

科名　蔷薇科 Rosaceae
属名　稠李属 *Padus*

形态特征　落叶乔木，小枝无毛；单叶互生，长椭圆形，先端长渐尖，基部圆形，边缘具内贴的尖锐细锯齿，两面无毛，叶柄无毛，上有腺体2个；总状花序狭，基部具3~5叶，花梗短而无毛，萼筒杯状，外面无毛，花瓣白色，基部具短爪；核果球形，黑色，果核平滑；花期5月，果熟期8~9月。

分布　宝天曼、红寺河、牧虎顶、牛心林区；生长于海拔1400m以上的山坡或山谷中。

保护类别　中国种子植物特有种。

臭樱

Maddenia hypoleuca

科名 蔷薇科 Rosaceae
属名 臭樱属 *Maddenia*

形态特征 落叶灌木或小乔木，全株有臭味；单叶互生，长椭圆形，基部具细锐重锯齿，背面灰白色，两面无毛，侧脉 14~18 对；总状花序短粗，花梗密被锈色柔毛；核果椭圆形，黑色，光滑，果梗短粗；花期 4~5 月，果熟期 7 月。

分布 宝天曼、七里沟、红寺河林区；生长于海拔 1000m 以上的山坡或山谷杂木林中。

保护类别 中国种子植物特有种。

中华绣线梅

Neillia sinensis

科名 蔷薇科 Rosaceae
属名 绣线梅属 *Neillia*

形态特征 落叶灌木,树皮暗褐色,剥落;单叶互生,卵形,先端长渐尖,边缘常浅裂,具重锯齿,托叶全缘;总状花序狭,具 10~20 个花,粉红色,萼筒里面被短柔毛,裂片斜展;花瓣圆形,白色,雄蕊 20 个,2 轮,生于萼筒边缘和内壁;蓇葖果长圆形,萼宿存;种子近球形,褐色,顶端一侧具隆脊;花期 5~6 月,果熟期 8~9 月。

分布 宝天曼、红寺河、牧虎顶林区;生长于海拔 700m 以上的山坡、山谷、溪旁和灌丛中。

毛叶绣线梅

Neillia ribesioides

科名 蔷薇科 Rosaceae
属名 绣线梅属 *Neillia*

形态特征 落叶灌木，小枝圆柱形，无毛；单叶互生，卵形，先端长渐尖，基部圆形，边缘有重锯齿，两面无毛，托叶线状披针形，全缘，早落；顶生总状花序，花梗无毛，萼筒外面无毛，内面被短柔毛；萼片三角形，全缘，花瓣淡粉色；蓇葖果长椭圆形，萼筒宿存，外被疏生长腺毛；花期5~6月，果熟期8~9月。

分布 宝天曼、平坊、蛮子庄林区；生长于山坡、山谷或沟边杂木林中。

保护类别 中国种子植物特有种。

杠柳
Periploca sepium

科名 萝藦科 Asclepiadaceae
属名 杠柳属 *Periploca*

形态特征 落叶蔓性灌木，具乳汁；叶对生，膜质，长圆状披针形，侧脉20~25对；聚伞花序腋生，花冠紫红色，裂片5个，反折；副花冠杯状，3裂，裂片丝状伸长，花粉颗粒状；蓇葖果双生，圆柱形；种子顶端具白色绢质种毛；花期5~6月，果熟期8~9月。

分布 各林区；生长于林缘、沟边、路边。

保护类别 中国种子植物特有种。

合欢

Albizia julibrissin

科名 豆科 Fabaceae
属名 合欢属 *Albizia*

形态特征 落叶乔木，树冠开展，小枝有棱角；二回偶数羽状复叶，小叶 10~30 对，线形，向上偏斜，先端有小尖头；头状花序生与枝顶排成圆锥花序，花粉红色，花萼管状，裂片三角形，荚果带状，嫩荚有柔毛，老荚则无；花期 6~8 月，果熟期 8~10 月。

分布 各林区；生长于山坡疏林。

山槐

Albizia kalkora

科名 豆科 Fabaceae

属名 合欢属 *Albizia*

形态特征 落叶乔木，小枝褐色，侧芽叠生；二回羽状复叶，小叶 5~14 对，长方形，先端圆有细尖，基部近圆形，偏斜，背面苍白色，两面有短柔毛，叶柄基部有 1~2 腺体；头状花序 2~3 个，生于上部叶腋，花白色，花萼、花冠密生短柔毛；荚果深棕色，疏生短柔毛；花期 6~8 月，果熟期 8~9 月。

分布 宝天曼各林区；生长于山坡灌丛、疏林中。

紫荆
Cercis chinensis

科名 豆科 Fabaceae
属名 紫荆属 *Cercis*

形态特征 落叶乔木,小灰褐色,无毛;单叶互生,近圆形,先端急尖,基部心脏形,掌状5出脉,表面有光泽,两面无毛,叶柄紫褐色且无毛;花4~10朵,簇生于老枝叶痕腋,花红紫色,无毛;荚果扁平,沿腹缝线有狭翅,网脉明显;种子2~8个,扁,近圆形;花期3~4月,果熟期8~9月。

分布 圣垛山、猴沟、南阴坡、银虎沟、红寺河林区;生长于山坡、沟旁及疏林中。

湖北紫荆
Cercis glabra

科名	豆科 Fabaceae
属名	紫荆属 *Cercis*

形态特征　落叶乔木，小枝深灰色；单叶互生，心形，掌状7出脉，叶柄较长；总状花序短缩，花紫色；荚果带状，两端尖，常为紫色，无毛，沿腹缝线有狭翅，种子5~8个；花期4~5月，果熟期9月。

分布　京子垛、宝天曼林区；生长于海拔1500m以下的山沟杂木林中。

保护类别　中国种子植物特有种。

皂荚

Gleditsia sinensis

科名 豆科 Fabaceae
属名 皂荚属 *Gleditsia*

形态特征 落叶乔木，刺粗壮，圆柱形，常有分枝；羽状复叶互生，小叶6~14个，长卵形，边缘具细钝锯齿，无毛；总状花序，腋生，萼钟形，裂片4个，披针形，花瓣4，白色；荚果长，微厚，黑棕色，被白色；花期4~5月，果熟期8~9月。

分布 圣垛山、大块地、湍源、京子垛、宝天曼林区；生长于路旁、沟边、村。

保护类别 中国种子植物特有种。

华山马鞍树
Maackia hwashanensis

科名 豆科 Fabaceae
属名 马鞍树属 *Maackia*

形态特征 落叶乔木，小枝浅灰褐色；奇数羽状复叶，小叶 9~11 个，卵形，先端短渐尖，表面无毛，背面密生短柔毛；圆锥花序顶生，旗瓣倒卵形；荚果长椭圆形，褐色；种子红褐色，扁，长椭圆形；花期 7~8 月，果熟期 9~10 月。

分布 宝天曼、京子垛、红寺河林区；生长于山坡或山谷杂木林中。

保护类别 中国种子植物特有种。

两型豆
Amphicarpaea edgeworthii

科名	豆科 Fabaceae
属名	两型豆属 *Amphicarpaea*

形态特征 一年生缠绕藤本；羽状三出复叶，菱状卵形，先端急尖，两面被白色柔毛，全缘，托叶卵圆形；花二型，上部花序总状，腋生，花瓣淡紫色，下部生于从叶腋发出丝状匍匐枝上的花无花瓣；有花瓣的荚果革质，长圆形，扁平；无花瓣的荚果肉质，仅有1个种子；花期8~9月，果熟期10月。

分布 南阴坡、许窑沟、野獐林区；生长于山沟草丛及林缘中。

野大豆
Glycine soja

科名 豆科 Fabaceae
属名 大豆属 *Glycine*

形态特征 一年生缠绕草本，被褐色长硬毛；羽状三出复叶，菱状卵形，先端急尖，两面有白柔毛；总状花序腋生，花萼钟形，裂片5；花冠淡红紫色，旗瓣近圆形，翼瓣斜倒卵形，龙骨瓣短小，密被长毛；荚果长圆形，密被黄色硬毛；种子2~4个，黑色；花期6~7月，果熟期8~9月。

分布 各林区；生长于山野灌丛、草地或溪岸草丛中。

保护类别 国家II级保护野生植物。

葛
Pueraria lobata

科名 豆科 Fabaceae
属名 葛属 *Pueraria*

形态特征 落叶粗壮藤本，全体被黄色长硬毛；羽状三出复叶；总状花序，花萼钟形，花冠紫色，旗瓣倒卵形，翼瓣镰状，龙骨瓣镰状长圆形；子房线形，被毛；荚果长椭圆形，被褐色长硬毛；花期6~8月，果熟期9月。

分布 各林区；生长于山坡、路边及疏林中。

多花木蓝
Indigofera amblyantha

科名 豆科 Fabaceae
属名 木蓝属 *Indigofera*

形态特征 落叶直立灌木，小枝密被白色丁字毛；羽状复叶，小叶 7~11，卵状长圆形，两面均有毛；总状花序腋生，花萼筒状，萼齿 5；花冠淡红色，旗瓣倒阔卵形，龙骨瓣较翼瓣短；雄蕊 9~1 二体，子房被毛；荚果线状圆柱形，棕褐色；种子褐色，长圆形；花期 5~6 月，果熟期 9~10 月。

分布 蚂蚁沟、圣垛山、红寺河、宝天曼林区；生长于山坡灌丛或疏林中。

保护类别 中国种子植物特有种。

牯岭野豌豆

Vicia kulingana

科名 豆科 Fabaceae
属名 野豌豆属 *Vicia*

形态特征 多年生草本，茎直立，有棱，无毛；偶数羽状复叶，小叶 4 个，卵状披针形，先端渐尖，基部楔形，无毛，托叶半箭头状；总状花序腋生，花紫蓝色，花序较叶短，旗瓣短提琴形，翼瓣与旗瓣等长；荚果斜长椭圆形，无毛，种子 1~5 个，近圆形；花期 7~9 月，果熟期 8~10 月。

分布 五岈子；生于山谷疏林中、山麓林缘、路边及沟边草丛中。

保护类别 中国种子植物特有种。

黄檀

Dalbergia hupeana

科名 豆科 Fabaceae

属名 黄檀属 *Dalbergia*

形态特征 落叶灌木，树皮鳞状剥裂；奇数羽状复叶，小叶 9~11 枚，革质，长圆形，先端钝，微凹，叶轴和小叶柄有白色柔毛，托叶早落；圆锥花序顶生或腋生，花梗有锈色疏毛；花冠淡紫色或白色，旗瓣圆形，先端微凹，有短爪；荚果长圆形，偏平，种子 1~3 枚；花期 7 月，果熟期 8~9 月。

分布 各林区；生长于山坡灌丛或疏林中。

长柄山蚂蝗
Podocarpium podocarpum

科名	豆科 Fabaceae
属名	长柄山蚂蝗属 *Podocarpium*

形态特征 落叶灌木，茎有棱角，疏生短柔毛；三出羽状复叶，顶生小叶圆状菱形，先端急尖，两面疏生柔毛，侧生小叶较小，斜卵形；顶生圆锥花序，腋生者为总状花序；萼钟状，萼齿短，疏生柔毛；花瓣棕红色；荚果通常有2荚节，具钩状毛；花期7~9月，果熟期9~10月。

分布 京子垛、宝天曼、圣垛山、南阴坡、猴沟、红寺河林区；生长于山坡灌丛或林下。

绿叶胡枝子

Lespedeza buergeri

科名 豆科 Fabaceae
属名 胡枝子属 *Lespedeza*

形态特征 落叶灌木，幼枝具柔毛；三出羽状复叶，卵状椭圆形，先端急尖，有短尖头，基部圆钝，表面无毛，背面有柔毛；总状花序腋生，上部呈圆锥状，花萼钟形；花冠黄或白色，旗瓣倒卵形，旗瓣与翼瓣基部常带紫色；荚果长圆状卵形，有网脉及柔毛；花期6~8月，果熟期8~9月。

分布 宝天曼、红寺河、七里沟、南阴坡林区；生长于山坡灌丛或疏林中。

美丽胡枝子

Lespedeza buergeri

科名 豆科 Fabaceae
属名 胡枝子属 *Lespedeza*

形态特征 落叶灌木，幼枝有毛；三出羽状复叶，卵形，先端急尖，基部楔形，背面密生短柔毛；总状花序腋生，单生或数个排成圆锥状，总花梗密生短柔毛，花冠紫红色，旗瓣短于龙骨瓣；荚果卵形，稍偏斜，有锈色短柔毛；花期 7~9 月，果熟期 9~10 月。

分布 各林区；生长于山坡灌丛或疏林中。

多花胡枝子

Lespedeza floribunda

科名 豆科 Fabaceae
属名 胡枝子属 *Lespedeza*

形态特征 落叶小灌木，根细长，茎常基部分枝，枝有条棱，被白色茸毛；三出羽状复叶，小叶具柄，倒卵形，侧生小叶较小；总状花序腋生，总花梗细长，显著超出叶，花多数，花冠紫红色；荚果宽卵形，超出宿存萼，密被柔毛，有网状脉；花期8~9月，果熟期9~10月。

分布 各林区；生长于山坡、灌丛或杂木林中。

胡颓子
Elaeagnus pungens

科名	胡颓子科 Elaeagnaceae
属名	胡颓子属 *Elaeagnus*

形态特征 常绿直立灌木，具刺，幼枝微扁棱形，密被锈色鳞片；单叶互生，革质，椭圆形，边缘微反卷，背面密被银白色和少数褐色鳞片，叶脉7~9对；花白色，下垂，密被鳞片，萼筒圆筒形，在子房上骤收缩；果实椭圆形，幼时被褐色鳞片，成熟时红色；果核内面具白色丝状绵毛；花期9~12月，果熟期次年4~6月。

分布 圣垛山、五岈子、南阴坡、许窑沟、蚂蚁沟、宝天曼林区；生长于海拔1300m以下的向阳山坡或路旁。

凹叶瑞香
Daphne retusa

科名 瑞香科 Thymelaeaceae
属名 瑞香属 *Daphne*

形态特征 常绿灌木，幼枝密被灰黄色刚伏毛；单叶互生，革质，长圆形，先端钝，有凹缺，基部楔形，边缘向外反卷，表面光滑，背面无毛；头状花序顶生，总花梗和花梗极短，被黄色刚伏毛，总苞的苞片长圆形，边缘有睫毛；花被筒状，无毛，外面淡红紫色，内面白色，芳香；核果红色，卵形，无柄；花期 5~6 月，果熟期 7 月。

分布 宝天曼、蛮子庄、牡丹垛林区；生长于海拔 1400m 以上的山坡、山沟林下。

露珠草
Circaea cordata

科名 柳叶菜科 Onagraceae
属名 露珠草属 *Circaea*

形态特征 多年生草本，茎圆柱形，密被开展长毛和短腺毛；单叶对生，卵状心形，先端短尖，基部心形，两面疏生开展短毛；总状花序顶生，花序轴密生开展短腺毛及疏生长毛，苞片小，花两性，白色，萼筒裂片2个；花瓣2个，倒卵形，短于萼裂片；果实倒卵状球形，果褐色，密被腺状短毛；花期6~8月，果熟期8~9月。

分布 分布于蚂蚁沟、五垭子、回岔、牛心、红寺河林区；生长于林缘、灌丛或山坡疏林中。

瓜木

Alangium platanifolium

科名 八角枫科 Alangiaceae
属名 八角枫属 *Alangium*

形态特征 落叶小乔木，树皮平滑，灰色，小枝近圆柱形；单叶互生，纸质，近圆形，顶端钝尖，基部近心形，3~5裂；聚伞花序腋生，通常3~5朵花，花萼钟形；花瓣6~7个，线形，淡黄白色，开时反卷；核果长卵形，种子1个；花期3~7月，果熟期7~9月。

分布 红寺河、猴沟、七里沟、宝天曼、京子垛林区；生长于海拔600~1400m土质较疏松而肥沃的向阳山坡或疏林中。

珙桐

Davidia involucrata

科名 蓝果树科 Nyssaceae

属名 珙桐属 *Davidia*

形态特征 落叶乔木，树皮深灰色，不规则的薄片脱落，小枝紫绿色，无毛；单叶互生，纸质，常密集于幼枝顶端，叶缘有三角形而尖端锐尖的粗锯齿，上面亮绿色；花瓣状的苞片2~3枚，初淡绿色，继变为乳白色；核果长卵圆形，紫绿色具黄色斑点，种子3~5枚；花期4月，果熟期10月。

分布 平坊林区；生长于海拔1400m的山坡（栽培种）。

保护类别 国家Ⅰ级保护野生植物，中国种子植物特有种。

灯台树

Cornus controversa

科名 山茱萸科 Cornaceae
属名 山茱萸属 *Cornus*

形态特征 落叶乔木，小枝暗红紫色，无毛；叶常集生于枝梢，宽卵形，先端渐尖，基部圆形，背面灰白色，疏生贴伏柔毛，侧脉6~7对，弧状弯曲；伞房状聚伞花序，花白色；核果球形，蓝黑色；花期5月，果熟期8~9月。

分布 宝天曼、七里沟、蚂蚁沟、许窑沟、猴沟、圣垛山、红寺河林区；生长于海拔600~1700m山坡或山谷中。

四照花

Cornus kousa subsp. *chinensis*

科名 山茱萸科 Cornaceae
属名 山茱萸属 *Cornus*

形态特征 落叶小乔木，嫩枝被白色柔毛，二年生枝近无毛；单叶对生，纸质，卵形，先端渐尖，基部圆形，常稍偏斜，表面疏被白色柔毛，背面粉绿色，侧脉 4~5 对，叶柄被柔毛；头状花序球形，花苞 4 个，白色，卵形，花黄色；果序球形，成熟时红色，总果柄纤细；花期 5~6 月，果熟期 8~9 月。

分布 宝天曼、蚂蚁沟、回岔沟、七里沟林区；生长于海拔 800m 以上的山坡或山沟杂木林中。

山茱萸
Cornus officinalis

科名 山茱萸科 Cornaceae
属名 山茱萸属 *Cornus*

形态特征 落叶乔木，树皮灰褐色剥落，小枝细圆柱形；单叶对生，纸质，卵状针形顶端渐尖，全缘，表面无毛，背面被白色贴生的短柔毛，脉腋密生淡褐色簇毛，侧脉6~7对；伞形花序腋生，花黄色；核果长椭圆形，红色，核骨质；花期3~4月，果熟期9~10月。

分布 南阴坡、七里沟、猴沟、银虎沟、葛条爬、五岈子、京子垛林区；生长于海拔700~1200m的山坡、林缘。

毛梾

Cornus walteri

科名 山茱萸科 Cornaceae

属名 山茱萸属 *Cornus*

形态特征 落叶乔木，树皮黑褐色，常纵裂；叶对生，椭圆形，先端渐尖，基部楔形，背面灰绿色，密生贴伏短柔毛，侧脉4对；伞房状聚伞花序，花白色，子房近球形，密被灰白色贴伏短柔毛，花柱短，棍棒状；核果近球形，黑色；花期5~6月，果熟期7~9月。

分布 宝天曼、圣垛山、红寺河、回岔沟林区；生长于山坡或山谷杂木林中。

青皮木

Schoepfia jasminodora

科名 铁青树科 Olacaceae
属名 青皮木属 *Schoepfia*

形态特征 落叶小乔木，小枝灰褐色，无毛；单叶互生，纸质，卵形，先端渐尖或近尾尖，基部圆形，全缘，无毛，叶柄短而稍扁；聚伞状总状花序腋生，无花梗，花光白色，钟形；核果椭圆形，紫黑色；花期5月，果熟期8~9月。

分布 京子垛、宝天曼林区；生长于山坡杂木林中。

米面蓊

Buckleya lanceolate

科名 檀香科 Santalaceae
属名 米面蓊属 *Buckleya*

形态特征 落叶灌木，多分枝，小枝褐绿色，无毛；单叶对生，卵形，纸质，近无柄，先端尾状渐尖，基部楔形，全缘，两面无毛；雄花序伞形，顶生或腋生；雌花序单生枝端或叶腋，叶状苞片4枚；核果椭圆状，无毛，宿存苞片叶状，有明显的羽脉；花期5~6月，果熟期8~9月。

分布 各林区；生长于海拔1000m以上的山坡或山沟杂木林中。

保护类别 中国种子植物特有种。

秦岭米面蓊
Buckleya graebneriana

科名 檀香科 Santalaceae
属名 米面蓊属 *Buckleya*

形态特征 落叶小灌木；单叶对生，通常长椭圆形，顶端锐尖或短渐尖，两面被短刺毛；雄花集成顶生聚伞花序，花被裂片4，浅绿色，雄蕊4；雌花单朵顶生，苞片4；花被淡绿色；核果椭圆形，橘黄色；花期5~6月，果熟期8~9月。

分布 各林区；生长于海拔1000m以上的山坡或山沟杂木林中。

保护类别 中国种子植物特有种。

卫矛

Euonymus alatus

科名 卫矛科 Celastraceae
属名 卫矛属 *Euonymus*

形态特征 落叶灌木，小枝4棱，茎具木栓质翅；单叶对生，羽状椭圆形，边缘有锐锯齿，无毛，叶柄极短；聚伞花序有3~9朵花，花白绿色，萼片半圆形，雄蕊着生于花盘边缘处；子房上位，蒴果深裂，裂瓣椭圆形，假种皮橙红色；花期5月，果熟期8~9月。

分布 各林区；生长于山坡或山沟灌丛、疏林中。

疣点卫矛
Euonymus verrucosoides

科名	卫矛科 Celastraceae
属名	卫矛属 *Euonymus*

形态特征 落叶灌木，小枝黄绿色，具黑色瘤状突起，无翅；单叶对生，倒卵形，先端尖，边缘具细锯齿；聚伞花序有3~5朵花，花紫色，雄蕊的花丝细长，紧贴子房；瘦果1~4全裂，裂瓣平展，窄长，紫褐色；种子长椭圆形，黑色，有红色假种皮，假种皮在种子先端一侧开裂；花期6~7月，果熟期8~9月。

分布 蚂蚁沟、宝天曼、圣垛山林区；生长于山坡灌丛或疏林中。

保护类别 中国种子植物特有种。

栓翅卫矛
Euonymus phellomanus

科名 卫矛科 Celastraceae
属名 卫矛属 *Euonymus*

形态特征 落叶灌木，茎具4纵列木栓厚翅；单叶对生，长椭圆形，两面光滑，边缘密生细锯齿；聚伞花序一至二回分枝，有花7~15个，花白绿色，花瓣近圆形；花柱短，柱头圆钝不膨大；蒴果4棱，倒圆心状，粉红色，浅裂，种子有红色假种皮；花期6~7月，果熟期9月。

分布 红寺河、牧虎顶、宝天曼林区；生长于山坡或山谷杂木林中。

保护类别 中国种子植物特有种。

石枣子
Euonymus sanguineus

科名 卫矛科 Celastraceae
属名 卫矛属 *Euonymus*

形态特征 落叶灌木或小乔木，小枝近圆柱形，光滑，无翅；单叶对生，幼时带红色，阔椭圆形，边缘具细密尖锯齿，背面灰白色，网脉明显；聚伞花序疏松，总花梗细长，花淡紫色；蒴果扁球形，4棱，每棱有一略呈三角形翅，种子有红色假种皮；花期5月，果熟期8月。

分布 红寺河、宝天曼、圣垛山林区；生长于山坡杂木林中。

保护类别 中国种子植物特有种。

扶芳藤
Euonymus fortune

科名	卫矛科 Celastraceae
属名	卫矛属 *Euonymus*

形态特征 常绿匍匐灌木，茎枝常有多数随生根，小枝有细密微突起皮孔；单叶对生，椭圆形，边缘有较粗钝锯齿，表面叶脉稍隆起，背面叶脉明显，无毛；聚伞花序腋生，顶端2歧分枝，花绿白色；蒴果黄红色，近球形；种子有橙红色假种皮；花期6月，果熟期9~10月。

分布 南阴坡、京子垛、宝天曼林区；生长于林缘、沟边，缠树爬墙或匍生岩石上。

南蛇藤

Celastrus orbiculatus

科名	卫矛科 Celastraceae
属名	南蛇藤属 *Celastrus*

形态特征 落叶灌木，小枝灰褐色，光滑，密生皮孔；单叶互生，宽椭圆形，先端尖，边缘具粗钝锯齿；聚伞花序顶生或腋生，有3~7朵花，花梗短，花黄绿色；雄花萼片、花瓣、雄蕊各5个，着生花盘边缘，退化雌蕊柱状；蒴果黄色，球形，3裂；种子每室2个，有红色肉质假种皮；花期5月，果熟期8~9月。

分布 南阴坡、五垭子、蚂蚁沟、猴沟、宝天曼、红寺河林区；生长于山坡或山沟灌丛或疏林中。

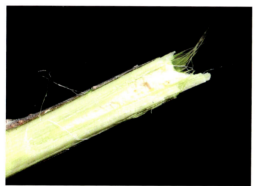

油桐

Vernicia fordii

科名	大戟科 Euphorbiaceae
属名	油桐属 *Vernicia*

形态特征 落叶乔木；单叶互生，卵圆形，叶柄顶端有2个红色腺体；花雌雄同株，花萼2裂，花瓣5，白色，有淡红色脉纹；雄花雄蕊8~12，2轮，雌花花柱2裂；核果近球形，果皮光滑，种子木质；花期4月，果熟期10月。

分布 京子垛、宝天曼、南阴坡、圣垛山林区；生长于山坡或林缘中。

野桐

Mallotus japonicus var. *floccosus*

科名 大戟科 Euphorbiaceae
属名 野桐属 *Mallotus*

形态特征 落叶灌木或小乔木，小枝幼时密生黄褐色星状毛；单叶互生，宽卵形，基部截形，有2个腺体，边缘有钝齿，背面密生灰白色星状毛及黄色腺点，叶柄长，有星状毛；花单性，雌雄异株，总状花序顶生，雄花萼3裂，雌花萼裂片披针形，有星状毛；蒴果球形，表面有软刺及星状毛；种子黑色，有光泽；花期6~7月，果熟期9月。

分布 京子垛、宝天曼、五岈子、南阴坡、红寺河林区；生长于山坡或山沟灌丛、疏林中。

保护类别 中国种子植物特有种。

乌桕

Sapium sebiferum

科名 大戟科 Euphorbiaceae
属名 乌桕属 *Sapium*

形态特征 落叶乔木,各部均无毛而具乳汁,树皮有纵裂纹;单叶互生、菱形,纸质,全缘,两面无毛,叶柄细长,顶端有 2 个腺体;花单性,雌性同株,无花瓣及花盘,总状花序顶生,雌花生花序基部;蒴果梨状球形,黑褐色,由室背 3 瓣裂,每室 1 个种子,黏着于中轴上;种子黑色,外被白色蜡质层;花期 6~7 月,果熟期 10 月。

分布 圣垛山、野獐、宝天曼林区;生长于沟边或疏林中。

白木乌桕

Sapium japonicum

科名	大戟科 Euphorbiaceae
属名	乌桕属 *Sapium*

形态特征 落叶乔木或灌木,枝细长,无毛;单叶互生,卵形,先端短尖,全缘,侧脉 5~6 对,斜出,两面绿色,无毛,叶柄基部有 2 个盘状腺体;花单性,雌雄同株,顶生穗状花序,无花瓣和花盘;蒴果近球形,种子球形,有杂乱的黑棕色斑纹,无蜡质层;花期 5~6 月,果熟期 8~9 月。

分布 蚂蚁沟、圣垛山、五岈子、许窑沟、红寺河、宝天曼林区;生长于山坡或山沟杂木林中。

北枳椇

Hovenia dulcis

科名 鼠李科 Rhamnaceae
属名 枳椇属 *Hovenia*

形态特征 落叶乔木，树皮灰褐色，纵裂；单叶互生，宽卵形，基部偏斜，边缘具粗壮锯齿，两面无毛，3主脉；聚伞花序顶生或腋生，不对称，花淡黄色，萼片卵状三角形，雄蕊与花瓣对生，子房近球形；核果球形，果柄肉质，扭曲，味甘甜；种子圆形扁平，赤褐色，有光泽；花期6~7月，果熟期10月。

分布 猴沟、许窑沟、红寺河、蚂蚁沟林区；生长于山坡林地。

卵叶猫乳
Rhamnella wilsonii

科名 鼠李科 Rhamnaceae
属名 猫乳属 *Rhamnella*

形态特征 落叶灌木，嫩枝具细柔毛，后渐脱落近于无毛；单叶互生，纸质，倒卵形，先端圆而收缩成尾状尖，侧脉7~9对，边缘具小锯齿，齿端内叠，表面绿色，无毛，背面沿叶脉有短毛；花少数，花萼稍具毛；核果球形，由橙黄变黑红色；花期5~6月，果熟期7月。

分布 猴沟、牛心垛林区；生于山沟林缘、灌丛或疏林中。

保护类别 中国种子植物特有种。

鼠李

Rhamnus davurica

科名 鼠李科 Rhamnaceae
属名 鼠李属 *Rhamnus*

形态特征 落叶灌木或小乔木,树皮环状剥裂;叶于长枝上对生,短枝上丛生,长圆状卵形,边缘为不明显的细圆锯齿,表面亮绿色,侧脉弧形;花单性,腋生;核果近球形,成熟后黑紫色;种子2个,卵圆形,背面有沟;花期4~5月,果熟期9~10月。

分布 宝天曼、猴沟、红寺河林区;生长于山坡灌丛或疏林中。

勾儿茶

Berchemia sinica

科名 鼠李科 Rhamnaceae
属名 勾儿茶属 *Berchemia*

形态特征 落叶缠绕灌木，枝黄褐色，无毛；单叶互生，纸质，卵形，先端纯，基部圆形，全缘，两面无毛，表面绿色，背面灰白色，侧脉 8~10 对；圆锥花序顶生，花 3~8 朵，束生，黄绿色；花芽球形，顶端钝花 5 裂，花瓣 5 个，倒卵形；核果圆柱形，黑色；花期 7 月，果熟期 9~10 月。

分布 圣垛山、南阴坡林区；生长于荒山坡或沟谷灌丛中。

保护类别 中国种子植物特有种。

铜钱树

Paliurus hemsleyanus

科名 鼠李科 Rhamnaceae

属名 马甲子属 *Paliurus*

形态特征 落叶乔木，小枝细长，无毛，呈"之"字形曲折；单叶互生，纸质，宽椭圆形，边缘具细锯齿，两面无毛，基生三出脉，叶柄稍扁；聚伞花序腋生或顶生，花黄绿色，雄花长于花瓣；果实周围有薄翅，大小性状如铜钱，圆形，紫褐色，无毛；花期5月，果熟期10月。

分布 京子垛、宝天曼、圣垛山、南阴坡、红寺河、银虎沟林区；生长于山坡及山沟林间。

保护类别 中国种子植物特有种，河南省重点保护植物。

蛇葡萄

Ampelopsis glandulosa

科名 葡萄科 Vitaceae
属名 蛇葡萄属 *Ampelopsis*

形态特征 多年生木质藤本，小枝圆柱形，卷须2~3叉分枝；单叶互生，3~5深裂，顶端急尖，基部心形，背面淡绿色，基出脉5，叶柄被疏毛；花序梗被疏柔毛，花蕾卵圆形，萼碟形，边缘具波状浅齿，外面疏生柔毛；花瓣5，雄蕊5，子房下部与花盘合生，花柱明显；浆果近球形，有种子2~4颗；种子长椭圆形，顶端近圆形；花期4~6月，果熟期8~10月。

分布 宝天曼、圣垛山、五岈子林区；生长于山坡灌丛或疏林中。

三裂蛇葡萄
Ampelopsis delavayana

科名 葡萄科 Vitaceae
属名 蛇葡萄属 *Ampelopsis*

形态特征 多年生木质藤本，小枝无毛，常带红色；掌状复叶，小叶 3~5 个，中央小叶常有柄，凸圆形，侧生小叶极偏斜，斜卵形；枝上部叶为单叶，不分裂或 3 浅裂，表面无毛；叶柄与叶片等长；聚散花序与叶对生，花淡绿色，花瓣 5，镊合状排列，雄蕊 5；浆果球形，蓝紫色；花期 6~7 月，果熟期 8~9 月。

分布 圣垛山、野獐、大块地、京子垛、宝天曼林区；生长于山坡灌丛中。

保护类别 中国种子植物特有种。

花叶地锦

Parthenocissus henryana

科名 葡萄科 Vitaceae
属名 地锦属 *Parthenocissus*

形态特征 落叶藤本，幼枝四棱形，卷须有5~7个分枝，顶端有吸盘；掌状复叶，小叶5个，有柄，狭倒卵形，先端锐尖，背面红紫色，无毛；圆锥花序狭窄，假顶生；浆果暗蓝色，种子3枚；花期6~7月，果熟期8~9月。

分布 大石窑、猴沟、蚂蚁沟、牛心垛、许窑沟、葛条爬林区；生长于沟谷岩石上或山坡林中。

保护类别 中国种子植物特有种。

省沽油

Staphylea bumalda

科名 省沽油科 Staphyleaceae
属名 省沽油属 *Staphylea*

形态特征 落叶灌木，树皮紫红色，小枝褐色；小叶3个，椭圆形，先端渐尖，边缘有细锯齿，背面淡绿色，中脉及侧脉有短毛，顶生小叶柄长约1cm；圆锥花序直立，萼片黄白色，较花瓣稍短，花瓣白色；蒴果膀胱状，2裂；种子黄色，有光泽；花期4~5月，果熟期8~9月。

分布 圣垛山、红寺河、蚂蚁沟、五岈子、京子垛、宝天曼林区；生长于山谷或山坡丛林中。

膀胱果

Staphylea holocarpa

科名	省沽油科 Staphyleaceae
属名	省沽油属 *Staphylea*

形态特征 落叶小乔木；三出复叶，对生，小叶长圆状披针形，边缘有硬细锯齿，顶生小叶柄较长；伞房花序，下垂；花白色或粉红色；萼片、花瓣及雄蕊通常较长；心皮2或3，下部通常合生；蒴果，梨形，3裂；花期4~5月，果熟期9月。

分布 宝天曼、蚂蚁沟、猴沟、红寺河、宝天曼林区；生长于海拔1000m以上的山谷或山坡杂木林中。

保护类别 中国种子植物特有种。

瘿椒树
Tapiscia sinensis

科名 省沽油科 Staphyleaceae
属名 瘿椒树属 *Tapiscia*

形态特征 落叶乔木；奇数羽状复叶互生，小叶5~9个，边缘具锯齿；圆锥花序腋生，花极小，黄色，两性和单性异株；花萼管状，5裂，花瓣5，雄蕊5，子房1室；核果卵形；花期4~6月，果熟期8~10月。

分布 红寺河、宝天曼林区；生长于山沟湿润处。

保护类别 中国种子植物特有种，河南省重点保护植物。

七叶树
Aesculus chinensis

科名 七叶树科 Hippocastanaceae
属名 七叶树属 *Aesculus*

形态特征 落叶乔木；掌状复叶，对生小叶 5~9 枚，小叶长圆披针形；大型圆锥花序，花萼管状钟形，花瓣 4，白色，雄蕊 6，子房在雄花中不发育，卵圆形；蒴果球形，具浓密斑点；花期 5~6 月，果熟期 8~9 月。

分布 宝天曼林区；生长于山沟林中。

保护类别 河南省重点保护植物。

天师栗

Aesculus chinensis var. wilsonii

科名 七叶树科 Hippocastanaceae
属名 七叶树属 *Aesculus*

形态特征 落叶乔木，小枝幼时密生短柔毛；掌状复叶，小叶5~7个，长倒卵形，先端渐尖，基部圆形，边缘密生微内曲细锯齿，背面幼时密生细毛；圆锥花序顶生，雄花位于上部，两性花位于下部；花萼筒状，5裂，花瓣4个，倒卵形，不等大；蒴果卵圆形，具疣状突起，3裂，种子1个，种脐淡白色，占种子的1/3以下；花期5~6月，果熟期9~10月。

分布 猴沟、红寺河、银壶沟林区；生长于海拔1500m以上的山沟杂木林中。

保护类别 河南省重点保护植物。

无患子

Sapindus saponaria

科名　无患子科 Sapindaceae
属名　无患子属 *Sapindus*

形态特征　落叶乔木，树皮黄褐色，小枝圆柱状，叶痕明显；偶数羽状复叶，小叶 4~8 对，近对生，卵状披针形，先端急尖，基部偏斜，两面均无毛，叶脉两面隆起，叶轴和叶柄上具2槽；圆锥花序顶生，花小，绿白色，萼片 5；花瓣 5，披针形，边缘具缘毛；核果球形，有棱；种子近球形，黑色，有光泽，坚硬，种脐线形；花期 5~6 月，果熟期 9~10 月。

分布　野獐、圣垛山林区；生长于山沟、溪旁、谷边或杂木林中。

栾树

Koelreuteria paniculata

科名 无患子科 Sapindaceae
属名 栾树属 *Koelreuteria*

形态特征 落叶乔木；一至二回羽状复叶，小叶卵形，边缘具锯齿，基部常羽状分裂成小叶状；圆锥花序，花淡黄色，萼片4裂，花瓣4裂，花期向外反折，雄蕊8，子房三棱形；蒴果圆锥形，具3棱，果瓣卵形，外面有网纹；种子圆形，黑色；花期5~7月，果熟期8~9月。

分布 南阴坡、圣垛山、宝天曼、野獐、大块地林区；生长于山坡沟边或杂木林中。

金钱槭

Dipteronia sinensis

科名 槭树科 Aceraceae
属名 金钱槭属 *Dipteronia*

形态特征 落叶小乔木,小枝灰绿色,密生皮孔;奇数羽状复叶,小叶 7~13,对生;圆锥花序顶生或腋生,花白色,杂性,萼片和花瓣各 5,雄蕊 8,长于花瓣;子房扁形,2 室;翅果圆形,周围有翅,种子位于中央;花期 5 月,果熟期 8~9 月。

分布 猴沟、红寺河、京子垛、宝天曼林区;生长于海拔 1000m 以上的山谷杂木林中。

保护类别 河南省重点保护植物。

五角枫

Acer pictum subsp. *Mono*

科名 槭树科 Aceraceae

属名 槭属 *Acer*

形态特征 落叶灌木，树皮暗灰色，纵裂，小枝无毛；单叶对生，掌状5裂，基部心脏形，裂片宽三角形，长渐尖，全缘；主脉5条，掌状，出自基部，网脉两面明显隆起；伞房花序顶生，花黄绿色，萼片及花瓣各5，雄蕊8个；小坚果扁平，卵圆形，果翅长圆形，成钝角开裂，翅长约为小坚果的2倍；花期5月，果熟期9月。

分布 各林区；生长于山沟或山坡杂木林中。

长柄槭

Acer longipes

科名 槭树科 Aceraceae

属名 槭属 *Acer*

形态特征 落叶乔木，树皮灰色，光滑；叶掌状 5 裂或 3 裂，宽大于长，基部圆形，裂片三角形，全缘，先端尾尖，背面密生柔毛，叶柄细长，长 10m 左右；伞房花序顶生，花黄绿色；翅果长至 3cm，果翅呈直角开展，翅长为坚果的 2 倍；花期 5 月，果熟期 8~9 月。

分布 红寺河、猴沟、宝天曼、许窑沟、京子垛林区；生长于山沟杂木林中。

保护类别 中国种子植物特有种。

飞蛾槭
Acer oblongum

科名 槭树科 Aceraceae
属名 槭属 *Acer*

形态特征 常绿乔木，小枝紫色，老枝褐色，均无毛；单叶对生，近革质，长圆形，先端尖，全缘或幼树上者3裂，表面绿色，有光泽，背面有白粉，基部三出脉；圆锥花序顶生，有短柔毛，花杂性，黄绿色；翅果，小坚果凸出，翅张开呈直角；花期5月，果熟期9月。

分布 圣垛山、五岈子、南阴坡、银虎沟、宝天曼、猴沟林区；生长于海拔1000m以上的山谷或山坡杂木林中。

保护类别 河南省重点保护植物。

青榨槭

Acer davidii

科名 槭树科 Aceraceae
属名 槭属 *Acer*

形态特征 落叶灌木，树皮纵裂成蛇皮状；单叶对生，椭圆形，边缘具细锐锯齿，通常不裂；总状花序，萼片5，花瓣5，倒卵形；雄蕊8，在两性花中不育，子房在雄花中不发育；翅果，翅展开成钝角；花期5月，果熟期8~9月。

分布 宝天曼、猴沟、七里沟、牧虎顶林区；生长于山沟或山坡杂木林中。

保护类别 中国种子植物特有种。

葛萝槭

Acer davidii subsp. *grosseri*

科名 槭树科 Aceraceae
属名 槭属 *Acer*

形态特征 落叶乔木，树皮黄色，平滑，有纵条纹；单叶对生，长椭圆状卵形，3浅裂，先端长尖，边缘有重锯齿，叶柄较长；总状花序顶生，下垂，花黄绿色；萼片及花瓣各5个；翅果，翅张开成钝角；花期5月，果熟期8~9月。

分布 圣垛山、红寺河、猴沟、宝天曼林区；生长于山坡杂木林中。

血皮槭

Acer griseum

科名 槭树科 Aceraceae
属名 槭属 *Acer*

形态特征 落叶乔木，树皮棕褐色，呈鳞片状剥落；三出复叶，椭圆形，厚纸质，先端钝尖，顶生小叶具短柄，中部以上具 2~3 个钝粗锯齿，背面有白粉；花序聚伞状，常有 3 花组成，顶生，花杂性异株，黄绿色，萼片及花瓣各 5；翅果被茸毛，张开成锐角或直角；花期 5 月，果熟期 8~9 月。

分布 京子垛、宝天曼、红寺河林区；生长于海拔 1500m 以上山坡杂木林中。

保护类别 中国种子植物特有种。

杈叶枫

Acer robustum

科名	槭树科 Aceraceae
属名	槭属 *Acer*

形态特征 落叶乔木，小枝青褐色，无毛；单叶对生，膜质，掌状 7~9 裂，基部心形，裂片卵形，边缘有尖锐重锯齿，背面脉腋有白色簇毛，叶柄细；伞房花序顶生，萼片紫色，花瓣绿色，阔倒卵形；翅果紫色，翅张开成钝角；花期 5 月，果熟期 8~9 月。

分布 各林区；生长于海拔 1200m 以上的山谷或山坡杂木林中。

保护类别 中国种子植物特有种。

建始槭

Acer henryi

科名	槭树科 Aceraceae
属名	槭属 *Acer*

形态特征 落叶小乔木，树皮灰褐色，小枝绿色，有短柔毛；三出复叶，纸质，椭圆形，先端钝尖，基部楔形，叶柄较长，与小叶柄均有短柔毛；总状花序下垂，有柔毛，常生于2~3年生的老枝一侧；花雌雄异株，雄花稀疏，萼片4个，无花瓣及花盘；总状果序下垂，翅果，张开成锐角或直立；花期4月，果熟期8月。

分布 圣垛山、南阴坡、猴沟、红寺河、许窑沟、宝天曼、平坊林区；生长于山坡或山谷杂木林中。

保护类别 中国种子植物特有种。

秦岭槭
Acer tsinglingense

科名 槭树科 Aceraceae
属名 槭属 *Acer*

形态特征 落叶乔木，树皮灰褐色，小枝细瘦，近于圆柱形，多年生枝紫褐色；单叶对生，纸质，基部圆形，3裂，上面深绿色，无毛，下面淡绿色，有淡黄色短柔毛，叶柄被淡黄色短柔毛；总状花序，被短柔毛，由无叶的小枝旁边生出，花单性，雌雄异株，淡绿色；花瓣5，长圆形，较长于萼片；翅果黄色，特别凸起，脊纹显著，被淡黄色疏柔毛，翅镰刀形，张开近于直立；花期4月，果熟期8~9月。

分布 七里沟、大石窑、猴沟、京子垛、蛮子庄、蚂蚁沟、阎王鼻、银洞尖、紫茎林、牡丹岭林区；生长于海拔1200~1500m的疏林中。

保护类别 中国种子植物特有种。

五尖槭

Acer maximowiczii

科名	槭树科 Aceraceae
属名	槭属 *Acer*

形态特征 落叶乔木，树皮灰色，光滑，小枝暗紫色，无毛；叶三角状卵形，掌状 3~5 裂，基部心脏形，两侧裂片较小，中裂伸长，边缘有尖锐重锯齿，背面带粉白色，脉腋有簇毛；总状花序，生于侧枝顶端，花黄绿色，萼片和花瓣各 5 个；翅果，张开成钝角；花期 5 月，果熟期 8~9 月。

分布 宝天曼、猴沟、蚂蚁沟、平坊林区；生长于海拔 1400m 以上的山沟或山坡杂木林中。

保护类别 中国种子植物特有种，河南省重点保护植物。

黄连木

Pistacia chinensis

科名 漆树科 Anacardiaceae

属名 黄连木属 *Pistacia*

形态特征 常绿乔木，树皮暗褐色，鳞片状剥落；偶数羽状复叶，小叶 10~12 个，对生，披针形，基部偏斜，全缘；花单性异株，先花后叶，圆锥花序腋生，雄花排列紧密，雌花序排列疏松，均被柔毛；核果倒卵状球形，成熟时紫红色，后变为紫蓝色；花期 3~4 月，果熟期 9~11 月。

分布 各林区；生长于海拔 600~1200m 的山坡疏林中。

黄栌
Cotinus coggygria

科名 漆树科 Anacardiaceae
属名 黄栌属 *Cotinus*

形态特征 落叶灌木或乔木，小枝无毛，树汁有臭味；单叶互生，卵形，背面光滑，侧脉6~11对，顶端常分叉，叶柄细长；圆锥花序顶生，花杂性，小型，萼片、花瓣和雄蕊各5个；果序较长，有多数不孕花的紫绿色羽毛状花梗宿存；核果小，肾形，红色；花期5~6月，果熟期7月。

分布 各林区；生长于向阳的山坡灌丛或疏林中。

盐肤木
Rhus chinensis

科名 漆树科 Anacardiaceae
属名 盐肤木属 *Rhus*

形态特征 落叶小乔木；奇数羽状复叶，互生，小叶边缘有锯齿，叶轴具宽翅；圆锥花序，花白色，花萼5，花瓣5；雄花雄蕊5，子房不育；雌花子房卵形，密被白色微柔毛，花柱3；核果球形，密被毛，成熟时橘红色；花期6~8月，果熟期9~10月。

分布 各林区；生长于海拔600~1800m的向阳山坡、沟谷、溪边的疏林、灌丛和荒山地。

漆

Toxicodendron vernicifluum

科名 漆树科 Anacardiaceae
属名 漆属 *Toxicodendron*

形态特征 落叶乔木，树皮具乳汁；奇数羽状复叶，互生，叶轴和叶柄均被锈色毛；大型圆锥花序腋生；花萼5，花瓣5，雄蕊5，花丝线形，在雌花中较短；子房球形，花柱3；果序下垂，核果肾形，黄色，中果皮蜡质，果核坚硬；花期5~6月，果熟期9~10月。

分布 宝天曼、红寺河、蚂蚁沟、圣垛山、五垭子林区；生长于海拔600m以上，多生于栎类林中。

臭椿
Ailanthus altissima

科名 苦木科 Simaroubaceae
属名 臭椿属 *Ailanthus*

形态特征 落叶乔木；奇数羽状复叶，互生，小叶13~35枚，叶痕明显，小叶基部有1或2对粗锯齿，齿端背面具腺体；圆锥花序顶生，花淡绿色；萼片5，花瓣5，雄蕊10，雌花花丝短于花瓣，心皮5，柱头5裂；翅果长椭圆形，质薄，先端扭曲；种子位于翅果中部；花期6月，果熟期7~9月。

分布 各林区；生长于山沟。

香椿

Toona sinensis

科名 楝科 Meliaceae
属名 香椿属 *Toona*

形态特征 落叶乔木，小枝红褐色，具白色皮孔；偶数羽状复叶，小叶10~22个，对生，纸质，边缘具疏锯齿；圆锥花序，下垂，花白色，钟形，萼杯形，5裂；蒴果狭椭圆形，深褐色，具光泽，被灰白色皮孔，成熟后开裂；种子棕黄色，具光泽，有薄翅，生于种子一端；花期6~7月，果熟期9~10月。

分布 野獐、宝天曼、蚂蚁沟、葛条爬、大块地林区；生长于村旁。

野花椒
Zanthoxylum simulans

科名 芸香科 Rutaceae
属名 花椒属 *Zanthoxylum*

形态特征 落叶灌木，枝常有皮刺及细小皮孔；奇数羽状复叶，叶轴边缘有狭翅和皮刺，小叶 5~9 枚，厚纸质，近无柄，卵圆形，边缘有细锯齿，两面均有透明油腺点；聚伞状圆锥花序，顶生，花被片 5~8 枚，一轮，绿色，长三角形；蓇葖果 1~2 个，紫红色，基部有伸长的子房柄，外面有粗大半透明的腺点；种子近球形，黑色；花期 4~5 月，果熟期 6~8 月。

分布 野獐、宝天曼、圣垛山、红寺河林区；生长于山坡或山沟灌丛林中。

保护类别 中国种子植物特有种。

浪叶花椒
Zanthoxylum undulatifolium

科名	芸香科 Rutaceae
属名	花椒属 *Zanthoxylum*

形态特征 落叶灌木，皮刺甚多；奇数羽状复叶，叶轴纤细，有棱，被短柔毛，小叶对生，革质；顶生小叶有短柄，披针形，边缘为波状圆锯齿，背面灰色；聚伞花序腋生，几近无梗，花少数；蓇葖果 2~4 个，细小，斜卵球形；种子黑色，光亮；花期 4~5 月，果熟期 7~8 月。

分布 宝天曼、京子垛、红寺河林区；生长于山沟溪旁、林中。

保护类别 中国种子植物特有种。

椿叶花椒
Zanthoxylum ailanthoides

科名　芸香科 Rutaceae
属名　花椒属 *Zanthoxylum*

形态特征　落叶乔木，树干上长有基部微圆环状凸出的锐刺，树皮灰褐色，有纵裂纹；奇数羽状复叶，叶柄基部粗大，叶轴浑圆；小叶 11~27 枚，对生，纸质，狭长圆形，先端长渐尖，边缘具钝锯齿；伞房状圆锥花序顶生，花小而多，淡青色，萼片细小，花梗较花短；蓇葖果 2~3 个，红色，先端有短喙；种子棕黑色，有光泽；花期 7~8 月，果熟期 9~10 月。

分布　京子垛、宝天曼林区；生长于山沟杂木林中。

竹叶花椒

Zanthoxylum armatum

科名 芸香科 Rutaceae
属名 花椒属 *Zanthoxylum*

形态特征　落叶小乔木，茎枝多锐刺；奇数羽状复叶，互生，小叶 3~9 枚，叶轴具翅和刺；花序近腋生，花被片 6~8 个，雄花雄蕊 5~6 个，雌花心皮 2 或 3 个，花柱斜向背弯；蓇葖果紫红色，有微凸起少数油点；花期 3~5 月，果熟期 8~10 月。

分布　京子垛、宝天曼、红寺河、圣垛山、五岈子、南阴坡林区；生长于海拔 1000m 以上低山疏林或灌丛。

朵花椒
Zanthoxylum molle

科名 芸香科 Rutaceae
属名 花椒属 *Zanthoxylum*

形态特征 落叶乔木，树皮灰色，有皮刺；奇数羽状复叶，叶轴紫红色，小叶 7~9 个，卵圆形，先端短骤尖，基部圆形，背面苍白色，密被茸毛，中脉下陷；伞房状圆锥花序，顶生，萼片 5 个，花瓣 5 个，白色；蓇葖果紫红色，具细小而明显的腺点；花期 6~7 月，果熟期 9~10 月。

分布 猴沟、蚂蚁沟林区；生长于山沟杂木林中。

保护类别 中国种子植物特有种。

小花花椒
Zanthoxylum micranthum

科名 芸香科 Rutaceae
属名 花椒属 *Zanthoxylum*

形态特征 落叶乔木，树皮灰色，有基部凸起的皮刺，小枝褐色，髓细小而不中空；奇数羽状复叶，叶轴浑圆，小叶 7~13 个，对生，厚纸质，披针形，基部圆形，表面深绿色，背面浅绿色，两面无毛；伞房圆锥花序顶生，花枝散开，苞片细小，花白色，多数，花瓣 5 个，长圆形；菁葖果 1~3 个，红色，有细小腺点，种子卵球形，黑色，有光泽；花期 7~8 月，果熟期 9~10 月。

分布 南阴坡林区；生长于山沟或山坡林中较湿润地方。

保护类别 中国种子植物特有种。

臭檀吴萸
Evodia danielli

科名 芸香科 Rutaceae
属名 吴茱萸属 *Evodia*

形态特征 落叶乔木；奇数羽状复叶，小叶 5~11 个，纸质，对生，边缘有细钝裂齿；伞房状聚伞花序，萼片 5，雄蕊 4，子房 4 深裂；雄花的退化雌蕊圆锥状，顶部 4 或 5 裂；雌花的退化雄蕊鳞片状；蓇葖果，紫红色；花期 6~7 月，果熟期 9~10 月。

分布 宝天曼、京子垛、红寺河林区；生长于山坡疏林中。

黄檗
Phellodendron amurense

科名	芸香科 Rutaceae
属名	黄檗属 *Phellodendron*

形态特征 落叶乔木，树皮浅灰色，有深沟裂，木栓质发达，内皮鲜黄色；奇数羽状复叶，小叶 5~13 个，卵状披针形，先端长渐尖，边缘有细钝锯齿，有缘毛；聚伞状圆锥花序顶生，花小，雌雄异株；浆果状核果，黑色，有特殊香气及苦味；花期 5~6 月，果熟期 9~10 月。

分布 圣垛山、小湍河林区；生长于向阳山坡林地。

保护类别 国家 II 级保护野生植物，国家珍贵树种 I 级。

老鹳草

Geranium wilfordii

科名 牻牛儿苗科 Geraniaceae
属名 老鹳草属 *Geranium*

形态特征 多年生草本，茎直立；叶对生，基生叶和下部茎生叶为肾状三角形，基生叶5深裂，茎生叶3裂；花序腋生或顶生，花梗果期直立，萼片5个，长卵形，花瓣5个，白色，倒卵形，雄蕊10个，稍短于萼片；蒴果被糙毛；花期6~8月，果熟期7~9月。

分布 七里沟、蚂蚁沟、红寺河、宝天曼、京子垛林区；生长于海拔1000m以下的林下及草坡。

翼萼凤仙花
Impatiens pterosepala

科名　凤仙花科 Balsaminaceae
属名　凤仙花属 *Impatiens*

形态特征　一年生草本，茎纤细，直立，有分枝；单叶互生，多集生于茎上部，卵形，具2个球形腺体，边缘有圆锯齿，侧脉5~7对；总花梗腋生，中部以上有一披针形苞片，仅有一花，花淡红色；萼片2个，长卵形；旗瓣圆形，先端微凹；翼瓣近无柄，2裂，上部裂片较大；蒴果线形；花期7~8月，果熟期8~9月。

分布　京子垛、宝天曼、红寺河、猴沟林区；生长于山沟林下潮湿处。

保护类别　中国种子植物特有种。

刺楸
Kalopanax septemlobus

科名	五加科 Araliaceae
属名	刺楸属 *Kalopanax*

形态特征 落叶灌木，小枝黄褐色，散生粗刺，基部宽扁；单叶互生或在短枝上簇生，圆形，掌状 5~7 裂，边缘有细锯齿，表面无毛；顶生圆锥花序，花白色；果实球形，蓝黑色；花期 7~8 月，果熟期 9~11 月。

分布 圣垛山、蚂蚁沟、猴沟、宝天曼、银虎沟、红寺河林区；生长于海拔 1500m 以下的山坡或山谷杂木林中。

保护类别 国家珍贵树种 II 级，河南省重点保护植物。

糙叶五加

Eleutherococcus henryi

科名 五加科 Araliaceae
属名 五加属 *Eleutherococcus*

形态特征 落叶灌木，枝疏生下曲粗刺，小枝密生短柔毛；掌状复叶，互生，小叶5个，纸质，椭圆形，基部狭楔形，表面粗糙，背面灰绿色，脉上有短柔毛，侧脉6~8对，密生短毛；伞形花序，总花梗粗壮，花柱柱状；果实椭圆球形，有5浅棱，黑色；花期7~9月，果熟期9~10月。

分布 蚂蚁沟、牧虎顶、红寺河、猴沟、银虎沟林区；生长于海拔1000m以上的灌丛和林缘中。

保护类别 中国种子植物特有种。

细柱五加
Eleutherococcus nodiflorus

科名 五加科 Araliaceae
属名 五加属 *Eleutherococcus*

形态特征 落叶灌木,枝灰棕色,软弱而下垂,蔓生状,无毛;掌状复叶,互生,小叶5个,膜质,倒卵形,基部楔形,两面无毛,边缘有钝细锯齿,侧脉4~5对,叶柄无毛;伞形花序腋生,花多数,总花梗无毛,花黄绿色,花柱细长;果实扁球形,黑色;花期4~8月,果熟期8~10月。

分布 圣垛山、红寺河、平坊林区;生长于山坡或山谷灌丛中。

保护类别 中国种子植物特有种。

楤木
Aralia elata

科名 五加科 Araliaceae
属名 楤木属 *Aralia*

形态特征 落叶乔木，树皮灰色，疏生针刺及斜环状叶痕，小枝有茸毛和疏生细刺；二回或三回羽状复叶，小叶 5~11 个，卵形，基部圆形，表面疏生糙毛，背面有淡黄色柔毛，脉上更密，边缘有锯齿，叶柄较长且与叶轴有细刺；大型圆锥花序，密生淡黄棕色短柔毛，花白色而芳香；果实球形，黑色，有 5 棱；花期 7~9 月，果熟期 9~11 月。

分布 各林区；生长于灌丛或林缘路边。

竹节参

Panax japonicus

科名 五加科 Araliaceae
属名 人参属 *Panax*

形态特征 多年生草本，根状茎横走，竹鞭状；掌状复叶，3~5 枚轮生于茎顶，小叶椭圆形，中央的较大，先端渐尖，边缘有锯齿；伞形花序常单生枝顶，花多数，萼缘有 5 齿，花瓣及雄蕊各 5 个；果球形，熟时红色，种子乳白色，三角状长卵形；花期 6~8 月，果熟期 8~10 月。

分布 红寺河、猴沟、宝天曼林区；生长于海拔 800~1400m 的山谷林下水沟边或阴湿岩石旁。

保护类别 河南省重点保护植物。

条叶岩风

Libanotis lancifolia

科名 伞形科 Apiaceae
属名 岩风属 *Libanotis*

形态特征 多年生草本，略呈小灌木状，根状茎露出地面很高，粗壮、木质化；基生叶丛生，基部有叶鞘，边缘膜质，叶片二回羽状复叶，叶片三角状卵形，有3~5对羽片，小叶线形全缘，绿色；茎上部叶3全裂，无柄，叶鞘抱茎；复伞形花序多分枝，无总苞，伞辐4~8个，密生短毛；小伞形花序有花5~10朵，小总苞片5~7个，披针形，比花梗短，有细缘毛；果实狭倒卵形，密被刚毛，果棱突出，每棱槽中有1条油管，合生面2条；花期9~10月，果熟期10~11月。

分布 圣垛山、雷劈崖林区；生长于海拔600~1100m的向阳山坡、灌木丛及山谷岩石陡坡上。

保护类别 中国种子植物特有种。

尖叶藁本

Ligusticum acuminatum

科名 伞形科 Apiaceae
属名 藁本属 *Ligusticum*

形态特征 多年生草本，根茎发达，棕褐色，茎圆柱形、中空，具条纹，略带紫色；茎上部叶柄较长，下部鞘状；叶片纸质，宽三角状卵形，二回羽状全裂，裂片先端尾尖，末回裂片近卵形；复伞形花序顶生和侧生，具长梗，顶端密披糙毛，总苞片6个，线形，花瓣白色；果实卵形，背腹压扁，侧棱成翅，合生面6~8个；花期7~8月，果熟期6~10月。

分布 宝天曼、牧虎顶、蚂蚁沟林区；生长于海拔600m以上的林下、草地、石崖上。

保护类别 中国种子植物特有种。

大叶醉鱼草

Buddleja davidii

科名 马钱科 Loganiaceae

属名 醉鱼草属 *Buddleja*

形态特征 落叶灌木，嫩枝、叶背面、花序均密生白色星状绵毛；单叶对生，卵状披针形，先端尖，边缘疏生细锯齿；花有梗，淡紫色，芳香，有多数小聚伞花序集生成穗状的圆锥花序，花萼4裂，花冠筒细而直，喉部橙红色；蒴果线状矩圆形，2瓣裂，基部有宿存花萼；种子线形，两端具长尖翅；花期7~8月，果熟期9~10月。

分布 红寺河、蚂蚁沟、猴沟、京子垛、七里沟、宝天曼林区；生长于海拔1500m以下的丘陵、山坡、沟边及灌丛中。

细茎双蝴蝶
Tripterospermum filicaule

科名	龙胆科 Gentianaceae
属名	双蝴蝶属 *Tripterospermum*

形态特征 多年生缠绕草本，根圆柱形，茎圆形，具细条纹；基生叶紧密簇生，不呈蝴蝶状贴生地面，卵形，边缘细波状，叶柄宽扁；茎生叶对生，卵状披针形，先端渐尖，基部心形，全缘，叶柄扁平；聚伞花序 2~4 朵，腋生，花紫色，苞片 2 个，披针形，花萼钟形；蒴果，椭圆形，扁平，种子近圆形，具盘状双翅；花期 8~9 月，果熟期 10 月。

分布 红寺河林区；生长于山坡林下、灌丛、草地。

保护类别 中国种子植物特有种。

江南散血丹

Physaliastrum heterophyllum

科名 茄科 Solanaceae
属名 散血丹属 *Physaliastrum*

形态特征 多年生草本，根多条丛生，茎直立，茎节略膨大，具棱；单叶互生，近卵形，基部偏斜，下延至叶柄，全缘而微波状，两面被疏柔毛；花1~2朵生于叶腋或枝腋，花梗纤细，被稀柔毛；花萼短钟状，5裂，裂片具缘毛，花后增大，近球形，下垂，紧密包闭并贴近浆果，外有不规则凸起，被疏柔毛；花冠宽钟状，白色，5浅裂，外被密细柔毛；浆果球形，包于宿存萼内，种子圆盘形；花期5~7月，果熟期8~9月。

分布 猴沟、宝天曼、七里沟、回岔沟、许窑沟、蚂蚁沟林区；生长于山坡林下、山谷阴湿处。

保护类别 中国种子植物特有种。

挂金灯

Physalis alkekengi var. *franchetii*

科名 茄科 Solanaceae
属名 酸浆属 *Physalis*

形态特征 多年生草本，茎粗壮直立，不分枝，茎节膨大；茎下部叶互生，上部叶假对生，长卵形，全缘或浅裂，叶柄较长；花单生于叶腋，花梗近无毛，花萼钟形，绿色，有柔毛，5裂；花冠辐状，5裂，白色；浆果球形，熟后橙红色，包在膨大的宿萼内，果萼卵形，无毛，膨胀成灯笼状，橙红色，具10纵肋，近革质；种子多数，肾形，黄色；花期5~7月，果熟期7~9月。

分布 京子垛、宝天曼林区；生长于山坡路边、水岸及草丛中。

斑种草

Bothriospermum chinense

科名 紫草科 Boraginaceae
属名 斑种草属 *Bothriospermum*

形态特征 一年生或二年生草本，茎有开展的硬毛；基生叶和茎下部叶有柄，叶片匙形，顶端钝圆，基部渐狭成柄，边缘皱波状，两面有糙毛，上部叶渐小，无柄；花序腋生或顶生，苞片卵形，花萼 5 裂，裂片狭披针形，花冠淡蓝色 5 裂，子房 4 裂；小坚果 4 个，肾形，具网状皱褶及粒状突起，腹面具横凹陷；花期 3~4 月，果熟期 5~6 月。

分布 圣垛山、南阴坡、蛮子庄林区；生长于路旁、沟边。

保护类别 中国种子植物特有种。

盾果草

Thyrocarpus sampsonii

科名 紫草科 Boraginaceae
属名 盾果草属 *Thyrocarpus*

形态特征 一年生草本，茎直立或斜生；基生叶有柄，丛生，匙形，顶端钝尖，基部渐狭，两面有糙细毛；茎中部以上叶较小，无柄，狭长圆形；聚伞花序，苞片狭卵形，花萼5深裂，裂片长圆形，边缘有硬糙毛，花冠紫蓝色，裂片5个；小坚果4个，碗状，突生瘤状突起，上部有2层凸起的边缘，齿狭三角形，直立，顶端不膨大，内层全缘；花期4~5月，果熟期6~8月。

分布 圣垛山、南阴坡、五岈子、大石窑林区；生长于路旁、山坡灌丛中。

保护类别 中国种子植物特有种。

紫珠
Callicarpa bodinieri

科名 马鞭草科 Verbenaceae
属名 紫珠属 *Callicarpa*

形态特征 落叶灌木，小枝、叶柄和花梗均被星状毛；单叶对生，卵状长椭圆形，顶端长渐尖，边缘具小锯齿，背面密被星状毛，两面密生暗红色腺点；聚伞花序 4~5 次分枝，萼齿钝三角形，与花冠被星状毛和红色腺点，子房无毛；果实球形，紫色，无毛；花期 6~7 月，果熟期 8~11 月。

分布 各林区；生长于海拔 1000m 以下的林中、林缘及灌丛中。

海州常山
Clerodendrum trichotomum

科名　马鞭草科 Verbenaceae
属名　大青属 *Clerodendrum*

形态特征　落叶灌木或小乔木，嫩枝、叶柄、花序轴等有黄褐色短柔毛，髓部有淡黄褐色横隔；单叶对生，阔卵形，先端渐尖，全缘或具波状齿，叶柄较长；伞房状聚伞花序顶生或腋生，疏松，花萼紫红色，5裂，花冠白色，花柱不超出雄蕊；核果近球形；花果期6~11月。

分布　各林区；生长于山坡、林下或灌丛中。

三花莸
Caryopteris terniflora

科名 马鞭草科 Verbenaceae
属名 莸属 *Caryopteris*

形态特征 落叶灌木，常自基部即分枝，茎方形，密生灰白色向下弯曲柔毛；单叶对生，纸质，卵圆形，顶端尖，基部阔楔形，两面具柔毛和腺点，边缘具规则钝齿，侧脉 3~6 对，叶柄被柔毛；聚伞花序腋生，通常 3 花，苞片细小，锥形，花萼钟状且两面有柔毛和腺点，花冠紫红色，外面疏被柔毛和腺点；果成熟后四瓣裂，果瓣倒卵状舟形，无翅，表面明显凹凸成网纹，密被糙毛；花果期 6~9 月。

分布 圣垛山、五岈子、京子垛、南阴坡林区；生长于海拔 600m 以上的山坡、平地或水沟河边。

保护类别 中国种子植物特有种。

筋骨草
Ajuga ciliata

科名 唇形科 Lamiaceae
属名 筋骨草属 *Ajuga*

形态特征 多年生草本，茎直立，四棱形，绿色，被白色柔毛；单叶对生，卵状椭圆形，先端钝尖，基部楔形，边缘具不整齐粗锯齿，两面被毛，叶柄短且密被伏毛；由多数轮伞花序聚集于茎顶呈穗状花序，苞片大，卵形，被白色长毛，花冠紫色，内外均被毛，花柱无毛，花盘环状；小坚果长圆形，背部具网状皱纹，果脐大；花期 4~7 月，果熟期 7~9 月。

分布 圣垛山、南阴坡、京子垛、红寺河、蚂蚁沟、平坊林区；生长于海拔 700m 以上的山谷溪旁、山坡林下及草丛中。

保护类别 中国种子植物特有种。

糙苏

Phlomis umbrosa

科名 唇形科 Labiatae
属名 糙苏属 *Phlomis*

形态特征 多年生草本，根粗壮、木质，茎直立，多分枝，被白色长硬毛；单叶对生，卵形，花序基部叶具不整齐锯齿；轮伞花序具 4~8 花，1~3 轮着生于主侧枝端，苞片线状披针形，较花萼短，花冠白色或粉红色，上唇盔形，下唇 3 裂；小坚果黑褐色，柱状长圆形，无毛，具 3 棱；花期 7~8 月，果熟期 9~10 月。

分布 各林区；生长于海拔 600m 以上的山坡林下或山谷潮湿处。

保护类别 中国种子植物特有种。

荫生鼠尾草

Salvia umbratica

科名 唇形科 Lamiaceae
属名 鼠尾草属 *Salvia*

形态特征 一年或二年生草本，茎直立，被白色长柔毛；单叶对生，三角形，先端急尖，基部心形，边缘具不整齐粗锯齿，背面密生腺点；总状花序顶生或腋生，总花梗密被柔毛和腺点，花萼钟形，外面被柔毛和腺点，内面密生短柔毛；花冠蓝紫色，外面疏生长柔毛，上唇长圆状倒心形，下唇较上唇短而宽；小坚果椭圆形；花期 8~9 月，果熟期 9~10 月。

分布 蚂蚁沟、五垭子、许窑沟林区；生长于海拔 700m 以上的山谷林下阴湿处。

保护类别 中国种子植物特有种。

木香薷

Elsholtzia stauntoni

科名 唇形科 Labiatae

属名 香薷属 *Elsholtzia*

形态特征 落叶灌木，茎直立，上部多分枝，密被白色短柔毛；单叶对生，披针形，基部楔形，渐狭下延至叶柄，背面密被黄色发亮的腺点，叶柄被白色柔毛；轮伞花序在主、侧枝上聚集成偏向一侧的穗状花序，苞片线状披针形，密被白色柔毛；花萼管状钟形，先端5裂，花冠紫红色，外面被白色柔毛；小坚果椭圆形，无毛；花期 8~10 月，果熟期 10~11 月。

分布 红寺河、七里沟、圣垛山、猴沟、银虎沟、牧虎顶林区；生长于海拔 600~1500m 的山坡、山谷路旁、沟岸、林缘。

保护类别 中国种子植物特有种。

香茶菜
Isodon amethystoides

科名 唇形科 Lamiaceae
属名 香茶菜属 *Isodon*

形态特征 多年生草本，基部近灌木状，茎四棱形，被细的硬毛；单叶对生，倒卵圆形，先端三角形锐尖，基部楔状渐狭，边缘在中部以上有牙齿状锯齿，上面被细硬毛；聚伞花序腋生或顶生，组成圆锥花序，花萼斜钟形，被硬毛，内面无毛，雄蕊4，二强；小坚果卵形，黄栗色，被黄白色腺点；花期6~9月，果熟期9~10月。

分布 圣垛山、南阴坡、五岈子、大石窑林区；生长于海拔1000m以下的山谷林下或草丛湿润处。

保护类别 中国种子植物特有种。

碎米桠
Isodon rubescens

科名 唇形科 Labiatae
属名 香茶菜属 *Isodon*

形态特征 落叶小灌木，茎上部多分枝，被节毛；单叶对生，狭卵形，先端急尖，基部楔形，下延成翅状，边缘具粗锯齿，两面疏生极短的腺毛，叶脉明显；聚伞花序 3~7 花，多数在茎及分枝上部排列成圆锥花序，小薄片密被白色短柔毛，花冠粉白色，具紫色斑点，上唇 4 圆裂，下唇舟形；小坚果倒卵形，淡褐色，无毛；花期 7~10 月，果熟期 10~11 月。

分布 圣垛山、京子垛、宝天曼、平坊林区；生长于海拔 600m 以上的山坡、山谷、路旁及灌丛中。

保护类别 中国种子植物特有种。

白蜡树
Fraxinus chinensis

科名 木樨科 Oleaceae
属名 梣属 *Fraxinus*

形态特征 落叶乔木，小枝灰褐色，无毛；奇数羽状复叶，小叶7个对生，近无叶柄，椭圆形，边缘有不整齐锯齿，两面无毛；圆锥花序侧生或顶生于当年生枝条上，无毛，花萼钟形，不规则分裂，无花瓣；翅果倒披针形，顶端尖；花期4~5月，果熟期8~9月。

分布 各林区；生长于海拔1500m以下的山坡、山谷杂木林中。

保护类别 中国种子植物特有种。

水曲柳
Fraxinus mandschurica

科名 木犀科 Oleaceae
属名 梣属 *Fraxinus*

形态特征 落叶乔木，树皮纵裂，小枝四棱形，有皮孔；奇数羽状复叶，小叶 7~11 枚，对生，近无柄，卵状矩圆形，基部不对称，边缘有锐锯齿，叶痕节状隆起；圆锥花序生于上一年生小枝上，花序轴有狭翅，花单性异株，无花冠；翅果扭曲，无宿萼，矩圆状披针形，顶端钝圆或微凹；花期 5 月，果熟期 8~9 月。

分布 宝天曼、猴沟林区；生长于海拔 1500m 以上的山谷杂木林中。

保护类别 国家 II 级保护野生植物，国家珍贵树种 II 级。

象蜡树

Fraxinus platypoda

科名 木犀科 Oleaceae
属名 梣属 *Fraxinus*

形态特征 落叶乔木，小枝光滑，叶轴基部膨大，具茸毛；奇数羽状复叶，小叶 7~11 个，椭圆状圆形，基部宽楔形，边缘具细锯齿，表面平滑无毛，背面脉上具长柔毛，无柄；圆锥花序生于上一年生枝上，花序梗扁平，两性花，花萼钟状；翅果长圆状椭圆形，扁平，近中部最宽，坚果扁平；花期 4~5 月，果熟期 9 月。

分布 宝天曼、平坊、红寺河、牧虎顶林区；生长于海拔 1500m 以上的山地疏林中。

连翘

Forsythia suspensa

科名 木犀科 Oleaceae
属名 连翘属 *Forsythia*

形态特征 落叶灌木，小枝褐色，常下垂，中空；叶对生，卵形，顶端锐尖，边缘有粗锯齿，无毛，有时呈羽状三出复叶；花黄色，腋生，常单花；蒴果卵球状，表面散生瘤点；花期 3~4 月，果熟期 8~9 月。

分布 各林区；生长于海拔 400m 以上的山坡、路旁灌丛中。

保护类别 中国种子植物特有种。

紫丁香
Syringa oblata

科名 木犀科 Oleaceae
属名 丁香属 *Syringa*

形态特征 落叶灌木，幼时密生短柔毛；单叶对生，椭圆状卵形，先端尖，基部宽楔形，两面被短柔毛，叶柄有短柔毛；圆锥花序，花梗被短柔毛，花白色，微带紫色，芳香，萼紫色；果实先端渐尖；花期5~6月，果熟期9~10月。

分布 宝天曼、红寺河、野獐林区、七里沟林区；生长于向阳山坡、河边砾石地灌丛或林缘。

小叶女贞
Ligustrum quihoui

科名	木犀科 Oleaceae
属名	女贞属 *Ligustrum*

形态特征 半常绿小灌木；单叶对生，薄革质，椭圆形，先端钝，边缘略反卷，无毛；圆锥花序顶生，花白色，无梗，花冠筒与花冠裂片等长，花药外伸；果实椭圆形，紫红色，有光泽，宿存，无梗；花期6~8月，果熟期9~11月。

分布 大块地、圣垛山、五岈子林区；生长于海拔1200m以下的山坡灌丛中、石崖上或沟谷边。

保护类别 中国种子植物特有种。

毛泡桐

Paulownia tomentosa

科名 玄参科 Scrophulariaceae
属名 泡桐属 *Paulownia*

形态特征 落叶乔木，树冠宽大伞形；单叶对生，卵形，先端急尖，基部心形，全缘或波状浅裂，下面密被茸毛，叶柄较长，被黏质腺毛；聚伞圆锥花序，萼浅钟形，5裂至中部，外面密被茸毛；花冠紫色，漏斗状钟形，驼曲，内面有深紫色斑点和黄色条纹；蒴果卵圆形，幼时密被黏质腺毛；花期4~5月，果熟期9~10月。

分布 各林区；生长于山坡林地。

松蒿
Phtheirospermum japonicum

科名 玄参科 Scrophulariaceae
属名 松蒿属 *Phtheirospermum*

形态特征 一年生草本，体被多细胞腺毛；叶对生，羽状全裂或深裂，叶柄边缘有狭翅；穗状花序顶生，稀疏，花梗短，花萼钟状，果期增大，顶端5裂，叶状，披针形；花冠紫红色，外被柔毛，上唇直，2浅裂；蒴果卵状圆锥形，露于宿存萼外，有腺毛；种子多数，椭圆形，扁平，表面有网纹；花期8~9月，果熟期9~10月。

分布 各林区；生长于山坡灌丛阴湿处。

旋蒴苣苔
Boea hygrometrica

科名	苦苣苔科 Gesneriaceae
属名	旋蒴苣苔属 *Boea*

形态特征 多年生草本；叶基生，无柄，近圆形，上面被白色长柔毛，顶端圆形，边缘具牙齿，叶脉不明显；聚伞花序伞状，2~5朵花，花序梗长15cm左右，花萼钟状，5裂片，花冠淡蓝紫色，外面近无毛；蒴果长圆形，外被短柔毛，螺旋状卷曲；种子卵圆形；花期7~8月，果熟期9月。

分布 圣垛山、红寺河、南阴坡、京子垛林区；生长于海拔1500m以下的山坡路旁岩石上。

保护类别 中国种子植物特有种。

楸

Catalpa bungei

科名	紫葳科 Bignoniaceae
属名	梓属 *Catalpa*

形态特征 落叶乔木，树皮暗灰色，纵裂；单叶对生，三角状卵形，先端长渐尖，基部近截形，全缘，两面无毛，叶柄长；伞房状总状花序，花3~12朵，花冠粉红色，内有紫红色斑点；蒴果，种子长椭圆形；花期4月，果熟期7~8月。

分布 圣垛山、万沟、野獐林、葛条爬林区；生长于浅山丘陵向阳山坡。

保护类别 中国种子植物特有种。

铜锤玉带草

Pratia nummularia

科名　桔梗科 Campanulaceae
属名　铜锤玉带属 *Pratia*

形态特征　多年生草本，有白色乳汁，茎平卧，被开展的柔毛，节上生根；叶互生，圆卵形，基部斜心形，边缘有牙齿；花单生于叶腋，花梗无毛，花萼筒坛状，无毛花冠紫红色，花冠筒外面无毛，内面生柔毛裂片5；浆果球形，紫红色；种子多数，近圆球形，表面有小疣突；花期5~6月，果熟期8~9月。

分布　平坊林区；生长于山坡林下。

心叶沙参

Adenophora cordifolia

科名 桔梗科 Campanulaceae
属名 沙参属 *Adenophora*

形态特征 多年生草本，茎基分枝横走，被膜质鳞片，茎直立，不分枝；茎生叶互生，圆心形，边缘有锯齿，叶柄长2cm；狭圆锥花序，有短分枝；花梗较短，花萼筒倒卵形，裂片5，线状披针形；花冠钟状，紫色，裂片5，花柱与花冠等长；蒴果椭圆形；花期7~8月，果熟期8~9月。

分布 宝天曼林区；生长于海拔1000m以上的潮湿处岩石缝中。

保护类别 中国种子植物特有种。

羊乳
Codonopsis lanceolata

科名 桔梗科 Campanulaceae
属名 党参属 *Codonopsis*

形态特征 多年生草质缠绕藤本，有白色乳汁，无毛，茎有多数短分枝；主茎上的叶互生，较小，狭卵形，分枝顶端的叶3~4个近轮生，有短柄，全缘或具不明显锯齿；花通常1朵生于分枝顶端，裂片5，全缘，花冠黄绿色带紫色斑点，宽钟形，5浅裂，裂片顶端反卷；蒴果圆锥形，有宿存花萼，上部3瓣裂；种子多数，淡褐色，具膜纸翅；花期7~8月，果熟期9~10月。

分布 京子垛、大石窑、蚂蚁沟、七里沟林区；生长于山坡、山谷林下、灌丛中。

细叶水团花

Adina rubella

科名 茜草科 Rubiaceae

属名 水团花属 *Adina*

形态特征 落叶小乔木，小枝细长，红褐色；叶对生，纸质，卵状披针形，先端渐尖，全缘，侧脉3对，叶柄短；头状花序顶生或腋生，花萼筒具棱，5裂，花冠紫红色，上部有墨点；小蒴果长卵状楔形；种子多数，两端有翅；花期6月，果熟期8月。

分布 各林区；生长于山沟溪旁。

香果树

Emmenopterys henryi

科名 茜草科 Rubiaceae

属名 香果树属 *Emmenopterys*

形态特征 落叶乔木，树皮灰褐色，小枝淡黄色；单叶对生，近革质，宽椭圆形，基部圆形，表面无毛，背面淡绿色，叶柄被柔毛；托叶大，三角状卵形，早落；花序顶生疏松，花大型，黄色，花萼钟状，其中扩大的2片宿存于果上；花冠两面密被细柔毛，柱头不明显2裂；果实具棱，成熟时红色，种子细小而具宽翅；花期8~9月，果熟期9~10月。

分布 银虎沟、猴沟、蚂蚁沟、回岔沟、许窑沟林区；生长于海拔1100m以下的山坡或山谷。

保护类别 国家Ⅱ级保护野生植物，国家珍贵树种Ⅰ级，中国种子植物特有种。

鸡矢藤
Paederia foetida

科名 茜草科 Rubiaceae
属名 鸡矢藤属 *Paederia*

形态特征 缠绕藤本，揉后具臭味；单叶对生，稀3~4片轮生，具叶柄，托叶长三角形，早落；花顶生或腋生，成聚伞花序或圆锥花序，具小苞片；萼管陀螺形，裂片5，花冠浅紫色，管状；核果球形，果皮薄而易脆，成熟时分裂为2个球形的小坚果；种子胚大，胚乳肉质；花期5~7月，果熟期8~9月。

分布 银虎沟、猴沟、宝天曼、京子垛、许窑沟、蚂蚁沟、平坊林区；生长于海拔1500m以下的山坡荒地、河谷及路旁灌丛中。

南方六道木

Zabelia dielsii

科名 忍冬科 Caprifoliaceae
属名 六道木属 *Zabelia*

形态特征 落叶灌木，当年生小枝红褐色，老枝灰白色；单叶对生，长卵形，嫩时表面散生柔毛，背面光滑无毛，顶端尖，基部楔形、宽楔形或钝，叶柄基部膨大且散生硬毛；花2朵生于侧枝顶部叶腋，萼筒散生硬毛，萼檐4裂，花冠白色，后变浅黄色；果实稍弯曲，压扁，种子柱状；花期4~6月，果熟期8~9月。

分布 宝天曼、牧虎顶林区；生长于海拔800m以上的山坡灌丛中、路边林下。

保护类别 中国种子植物特有种。

六道木

Zabelia biflora

科名 忍冬科 Caprifoliaceae
属名 六道木属 *Zabelia*

形态特征 落叶灌木，当年生小枝红褐色，老枝灰白色；叶对生，矩圆形，全缘或中部以上羽状浅裂，背面绿白色，两面疏被柔毛，叶柄基部膨大且成对相连，被硬毛；花单生于小枝上叶腋，无总花梗，萼筒圆柱形，疏生短硬毛，萼齿4枚，花冠白色；果实具硬毛，冠以4枚宿存而略增大的萼裂片；种子圆柱形，具肉质胚乳；花期3~4月，果熟期8~9月。

分布 宝天曼、圣垛山、红寺河林区；生长于海拔1000m以上的山坡灌丛、林下及沟边。

蓪梗花
Abelia uniflora

科名　忍冬科 Caprifoliaceae
属名　糯米条属 *Abelia*

形态特征　落叶灌木，幼枝被短柔毛；叶对生，圆卵形，顶端渐尖，边缘具疏锯齿，两面疏被柔毛，背面基部叶脉密被白色长柔毛；花单生于侧生短枝顶端叶腋，由未伸长的带叶花枝构成聚伞花序状，萼筒细长，2裂，花冠红色，狭钟形，5裂；果实长圆柱形，冠以2枚宿存萼裂片；花期5~6月，果熟期8~9月。

分布　红寺河、宝天曼、猴沟、七里沟、京子垛林区；生长于海拔500~1700m沟边、灌丛、山坡林下或林缘。

保护类别　中国种子植物特有种。

蝟实

Kolkwitzia amabilis

科名 忍冬科 Caprifoliaceae
属名 猬实属 *Kolkwitzia*

形态特征 落叶灌木，幼枝红褐色，被短柔毛；单叶对生，椭圆形，顶端尖，基部圆，全缘，两面散生短毛，脉上和边缘密被长柔毛和睫毛；伞房状聚伞花序，苞片披针形，紧贴子房基部，萼筒外面密生长刚毛，上部缢缩似颈，裂片钻状披针形，有短柔毛；花冠浅红色，基部甚狭，中部以上突然扩大，外有短柔毛，裂片不等，其中 2 枚稍宽短，内面具黄色斑纹；果实密被黄色刺刚毛，顶端伸长如角，冠以宿存的萼齿；花期 5~6 月，果熟期 8~9 月。

分布 平坊林区；生长于海拔 1400m 的山坡、路边和灌丛中。

保护类别 中国种子植物特有种，河南省重点保护植物。

金花忍冬
Lonicera chrysantha

科名	忍冬科 Caprifoliaceae
属名	忍冬属 *Lonicera*

形态特征 落叶灌木，幼枝叶柄和总花梗常被直糙毛和腺点；叶对生，纸质，菱状卵形；总花梗细长，双花腋生，苞片条形，相邻两萼筒分离，萼齿圆卵形；花冠白色后变黄色，唇形，基部有一深囊；浆果红色，成熟后黑色，圆形；花期5~6月，果熟期7~9月。

分布 各林区；生长于沟谷、林下或林缘灌丛中。

郁香忍冬
Lonicera fragrantissima

科名 忍冬科 Caprifoliaceae
属名 忍冬属 *Lonicera*

形态特征 常绿灌木，幼枝无毛；叶对生，厚纸质，叶形态变异很大，两面无毛，叶柄有刚毛；花先于叶，芳香，生于幼枝基部苞腋，苞片披针形，长为萼筒的2~4倍，相邻两萼筒连合至中部；花冠白色或淡红色，唇形，基部有浅囊；果实鲜红色，圆形，部分连合；花期2~3月，果熟期4~5月。

分布 宝天曼、京子垛林区；生长于海拔200~700m的山坡灌丛中。

保护类别 中国种子植物特有种。

北京忍冬
Lonicera chrysantha

科名 忍冬科 Caprifoliaceae
属名 忍冬属 *Lonicera*

形态特征 落叶灌木，二年生小枝有深色小瘤状突起；单叶对生，纸质，卵状椭圆形，两面被短硬伏毛，下面被较密的绢丝状长糙伏毛和短糙毛；花与叶同时开放，总花梗出自二年生小枝顶端苞腋，苞片宽卵形，下面被小刚毛；相邻两萼筒分离，花冠粉红色，长漏斗状，筒细长，基部有浅囊；果实红色，椭圆形，疏被腺毛和刚毛；花期 4~5 月，果熟期 5~6 月。

分布 圣垛山、京子垛、雷劈崖、平坊、蛮子庄林区；生长于海拔 500m 以上的沟谷或山坡林中或灌丛中。

保护类别 中国种子植物特有种。

红脉忍冬

Lonicera nervosa

科名 忍冬科 Caprifoliaceae
属名 忍冬属 *Lonicera*

形态特征 落叶灌木；单叶对生，纸质，初发时带红色，椭圆形，两端尖，表面中脉、侧脉和细脉均带紫红色，两面均无毛，叶柄较短；苞片钻形，杯状小苞长约为萼筒之半，具腺缘毛，相邻两萼筒分离，萼齿小，具腺缘毛；花冠先白色后变黄色，内面基部密被短柔毛，筒略短于裂片，基部具囊；果实黑色，圆形；花期6~7月，果熟期8~9月。

分布 红寺河、七里沟、猴沟林区；生长于山麓林下灌丛中或山坡草地上。

保护类别 中国种子植物特有种。

接骨木

Sambucus williamsii

科名 忍冬科 Caprifoliaceae

属名 接骨木属 *Sambucus*

形态特征 落叶灌木，老枝淡红褐色，髓淡褐色；奇数羽状复叶，小叶 5~7 个，卵圆形，顶端尖，边缘有不整齐锯齿；圆锥形聚伞花序顶生，花小而密，白色，柱头短而 3 裂；果实红色，卵圆形；分核 2~3 个，卵圆形，略有皱纹；花期 4~5 月，果熟期 9~10 月。

分布 各林区；生长于海拔 500m 以上山坡、灌丛、沟边、路边。

桦叶荚蒾
Viburnum betulifolium

科名 忍冬科 Caprifoliaceae
属名 荚蒾属 *Viburnum*

形态特征 落叶灌木；叶对生，厚纸质，宽卵形，边缘具不规则波状牙齿，表面无毛，叶柄纤细；聚伞花序顶生或生于具 1 对叶的侧生短枝上，花生于第 2~5 级辐射枝上，萼筒有黄褐色腺点，花冠白色，辐状，无毛；果实红色，近圆形；种子核扁，有 2 条深背沟；花期 6~7 月，果熟期 9~10 月。

分布 宝天曼、京子垛、许窑沟、红寺河、牧虎顶林区；生长于海拔 1200m 以上的山谷林中或山坡灌丛中。

保护类别 中国种子植物特有种。

陕西荚蒾

Viburnum schensianum

科名 忍冬科 Caprifoliaceae
属名 荚蒾属 *Viburnum*

形态特征 落叶灌木，幼枝、叶下面及花序均被由黄白色簇状毛组成的茸毛；单叶对生，纸质，卵状椭圆形，基部圆形，边缘有较密的小尖齿，侧脉5~7对；聚伞花序，萼筒圆筒形无毛，萼齿卵形，顶端钝；花冠白色，辐状，无毛；果实红色而后变黑色，椭圆形，核卵圆形，背部龟背状凸起，腹部有3条沟；花期5~7月，果熟期8~9月。

分布 圣垛山、五岈子、野獐林区；生长于海拔700m以上的山谷林中或山坡灌丛中。

保护类别 中国种子植物特有种。

糙叶败酱

Patrinia scabra

科名 忍冬科 Caprifoliaceae
属名 败酱属 *Patrinia*

形态特征 落叶草本，根圆柱形，黑褐色，茎密被细短毛；基生叶具长柄，叶片倒卵形，2~4对羽状浅裂，花期枯萎；茎生叶狭卵形，1~3对羽状深裂至全裂，中裂片较大，倒披针形，先端渐尖，侧裂片镰状线性，两面被毛；圆锥状聚伞花序多数在枝端或叶腋组成伞房状，苞片对生，线性，花黄色，基部有1小苞片；果实长圆柱状，背贴近圆形膜质翅苞片；花期6~7月，果熟期8~10月。

分布 圣垛山、京子垛林区；生长于海拔200~1000m的山坡草地、路旁。

保护类别 中国种子植物特有种。

黄腺香青

Anaphalis aureopunctata

科名 菊科 Asteraceae
属名 香青属 *Anaphalis*

形态特征 多年生草本，根茎细，茎草质，不分枝，被白色蛛丝状绵毛；单叶互生，基部叶密集，向上渐稀疏，不育枝叶呈莲座状；叶宽匙状椭圆形，基部楔形渐狭，边缘稍反卷，微波状，背面密被白色蛛丝绵毛及腺毛，离基三出脉明显；头状花序多数，密集成复伞房花序，总苞片5层；果实被微毛，冠毛较花冠长，雄花冠毛向上渐宽扁，有齿；花期7~9月，果熟期9~10月。

分布 红寺河、南阴坡林区、宝天曼林区；生长于海拔800m以上的林缘、林下及草地。

保护类别 中国种子植物特有种。

毛华菊

Chrysanthemum vestitum

科名	菊科 Compositae
属名	菊属 *Chrysanthemum*

形态特征　多年生草本，茎粗壮，上部多分枝，密被白色茸毛；叶互生，革质，菱形，边缘具疏锯齿或全缘，两面均被灰黄色茸毛；茎中部叶大，基部和下部叶变小，叶揉搓后有香味；头状花序单生枝端，排成疏伞房状，总苞浅杯状，总苞片3层；舌状花白色，干后黄褐色，先端3齿裂，筒状花具黄色腺体，柱头2裂；瘦果圆柱形，具5~6条纵肋，边缘宽膜质；花期9~10月，果熟期10月至次年1月。

分布　各林区；生长于山坡草地、灌丛、林下。

保护类别　中国种子植物特有种。

中华蟹甲草

Parasenecio sinicus

科名 菊科 Asteraceae

属名 蟹甲草属 *Parasenecio*

形态特征 多年生草本，茎中空，无毛，不分枝；叶互生，纸质，下部叶花期枯萎；中部叶肾形，5~7枚掌状深裂，裂片边缘具不规则疏锯齿，背面苍白色，无毛，基部3出脉，叶柄较长；最上部叶极小，具短柄；头状花序多数，在茎端或上部叶腋组成大而疏散宽圆锥花序，总花梗粗壮，筒状花10~12朵，淡紫色，花柱分枝细长外卷；瘦果长圆柱形，无毛，具肋，褐色；冠毛红褐色，上部较淡；花期7~8月，果熟期9月。

分布 宝天曼、京子垛、平坊林区；生长于海拔1000m以上的山坡或山谷林下阴湿处。

保护类别 中国种子植物特有种。

心叶蚂菊

Pertya cordifolia

科名 菊科 Compositae
属名 蚂菊属 *Pertya*

形态特征 多年生草本，小枝近无毛；叶在老枝上簇生，当年生枝上互生，线状披针形，主脉1条，全缘，两面无毛；头状花序单生于二年生短侧枝叶簇间，总苞狭钟状，总苞片10~23个，雌头状花序较大，花冠紫红色，退化雄蕊5个，柱头2浅裂；雄头状花序较小，小花10个；瘦果纺锤形，稍压扁，具7~10条纵棱，被短毛；冠毛黄褐色，刚毛状，不分枝；花期7月，果熟期8月。

分布 各林区；生长于海拔1000m以上的山坡路旁、草地、灌丛及林下。

保护类别 中国种子植物特有种。

魁蓟
Cirsium leo

科名 菊科 Asteraceae
属名 蓟属 *Cirsium*

形态特征 多年生草本，茎直立，多分枝，有纵棱，被黄色透明长茸毛；基生叶在花期枯萎；中部叶无柄，披针形，先端渐尖，具刺尖头，基部稍抱茎，边缘具小刺，羽状裂，两面被皱缩毛，叶脉在背面凸起；上部叶渐小；头状花序单生枝端，直立，总苞宽钟状，被蛛丝状毛；总苞片多层，线状披针形，边缘具小刺，花紫色；果实长椭圆形，稍扁，冠毛污白色，羽毛状，基部连合成环状；花期 5~7 月，果熟期 6~8 月。

分布 宝天曼、牧虎顶、化石尖林区；生长于海拔 600m 以上的山坡草地及灌丛中。

保护类别 中国种子植物特有种。

一把伞南星
Arisaema erubescens

科名 天南星科 Araceae
属名 天南星属 *Arisaema*

形态特征 多年生草本，块茎扁球状，表皮黄色；叶1枚，中部以下具鞘，叶片放射状分裂，裂片披针形，无柄；花序轴直立，短于叶，佛焰苞绿色，肉穗花序单性，花序先端为不育的棒状附属器；果序柄下弯，浆果成熟时红色；种子1~2枚，球形，淡褐色；花期5~7月，果熟期9月。

分布 各林区；生长于海拔1000m左右的山坡、林缘、阴湿山沟中。

披针薹草

Carex lancifolia

科名 莎草科 Cyperaceae
属名 薹草属 *Carex*

形态特征 多年生草本，根状茎密丛生，粗短，斜生，秆三棱柱形，纤细；叶条形，花后延伸；小穗3~6枚，疏远，顶生小穗雄性，矩圆形；雌小穗侧生，矩圆形，疏生花；苞片针状，苞鞘淡绿色，边缘膜质；果囊倒卵状椭圆形，密被短柔毛，有三棱，脉明显隆起，上部具紫红色短喙；小坚果三棱形，花柱短，柱头3个；花果期4~6月。

分布 各林区；生长于林中、山坡、草地、路边。

保护类别 中国种子植物特有种。

箭竹
Fargesia spathacea

科名 禾本科 Graminae

属名 箭竹属 *Fargesia*

形态特征 竿丛生或近于散生，梢端劲直，圆筒形，幼竿被白粉，无毛；笋紫色，箨鞘宿存，革质，长于节间；箨耳无，箨舌圆拱形，紫色；小枝具 1~3 片叶，叶鞘常为紫色，无叶耳，叶片线状披针形，两面无毛，次脉 3~4 对；花枝长 40cm，总状花序顶生，从佛焰苞开口一侧伸出，排列紧密；小穗含 2~4 朵小花，呈小扇形，紫色；颖纸质，细长披针形，外稃坚硬，花药黄色，柱头 3 枚，羽毛状；颖果卵状椭圆形，黄褐色，具浅腹沟；笋期 4~5 月。

分布 宝天曼林区；生长于海拔 1500m 以上的山顶、山坡或林下。

保护类别 中国种子植物特有种。

求米草

Oplismenus undulatifolius

科名 禾本科 Gramineae
属名 求米草属 *Oplismenus*

形态特征 一年生或多年生草本，秆较细弱，基部横匐地面，并于节处生根，叶鞘具短刺毛；叶片具细毛，横脉，常皱而不平；花序主轴有细毛，有横脉，皱而不平；小穗簇生，卵圆形，颖草质，第一颖具3条脉，长为小穗的一半，顶端有硬直芒；第二颖具5条脉，长于第一颖，具硬质芒；第一外稃草质，与小穗等长，顶端无芒；谷粒椭圆形；花期7~10月，果熟期8~11月。

分布 各林区；生长于林下及阴湿山谷处。

茖葱
Allium victorialis

科名	百合科 Liliaceae
属名	葱属 *Allium*

形态特征 多年生草本，鳞茎单生或2~3枚聚生，网状；叶2~3枚，椭圆形，叶柄长为叶的一半；花葶圆柱状，总苞2裂，宿存，伞形花序球形，具多而密集的花，小花梗近等长，果期伸长，基部无小苞片；花绿白色，内轮花被片椭圆状卵形，外轮的狭而短，舟状，子房具3个圆棱，基部收缩成短柄；蒴果开裂，先端凹；花期6~7月，果熟期9月。

分布 各林区；生长于海拔1000m以上的阴湿山坡、林下、草边或沟边。

油点草

Tricyrtis macropoda

科名 百合科 Liliaceae
属名 油点草属 *Tricyrtis*

形态特征 多年生草本，茎上具短糙毛；叶互生，卵状椭圆形，基部心形抱茎，边缘具短糙毛；二歧聚伞花序顶生或生于上部叶腋，花序轴和花梗有淡褐色短糙毛，苞片小，花被片绿白色，内面具紫红色斑点，开放后向下反折；蒴果直立；花期 7~9 月，果熟期 8~10 月。

分布 京子垛、宝天曼、红寺河、猴沟林区；生长于海拔 1500m 以下的山地林下、草丛或岩石缝中。

野百合

Lilium brownie

科名 百合科 Liliaceae
属名 百合属 *Lilium*

形态特征 多年生草本，鳞茎球形，鳞片披针形，白色；叶散生，自下向上渐小，披针形，全缘，两面无毛；花单生或几朵排成近伞形，花梗稍弯，苞片披针形，花喇叭形，有香气，白色，外面稍带紫色，无斑点，雄蕊向上弯，子房圆柱形，柱头3裂；蒴果矩圆形，有棱，种子多数；花期5~6月，果熟期7~10月。

分布 各林区；生长于海拔600m以上的山坡、灌丛林下、路旁、溪旁或石缝中。

保护类别 中国种子植物特有种。

川百合

Lilium davidii

科名 百合科 Liliaceae
属名 百合属 *Lilium*

形态特征 多年生草本，鳞茎扁球形，鳞片宽卵形，白色；叶多数，散生，在中部较密，线形，先端急尖，边缘反卷并有明显的小乳头状突起，中脉明显，在背面凸起，叶腋有白色绵毛；花单生或 2~3 朵排成总状花序，苞片叶状，花下垂，橙黄色，向基部约 2/3 有紫黑色斑点；内轮花被片比外轮稍宽，蜜腺两边有乳头状突起；蒴果长矩圆形；花期 7~8 月，果熟期 9~10 月。

分布 蚂蚁沟、圣垛山、五岈子林区；生长于海拔 800m 以上的山坡草地、林下潮湿处或林缘。

保护类别 中国种子植物特有种。

铃兰

Convallaria majalis

科名 百合科 Liliaceae
属名 铃兰属 *Convallaria*

形态特征 多年生草本，全株无毛，成片生长；叶2枚，椭圆形，基部楔形，叶柄较长；花葶稍外弯，苞片披针形，短于花梗，花白色，裂片卵状三角形，1条脉，花丝短于花药；浆果球形，熟后红色，稍下垂；种子扁圆形，表面有细网纹；花期5~6月，果熟期7~9月。

分布 各林区；生长于海拔900m以上的林下阴湿处。

玉竹
Polygonatum odoratum

科名 百合科 Liliaceae
属名 黄精属 *Polygonatum*

形态特征 多年生草本，根状茎圆柱形，茎弯曲；叶互生，椭圆形，背面灰白色；花序具 1~4 朵花，生于叶腋，花被白色，花被筒较直，花丝丝状，花药 6，花丝贴生花被筒中部；坚果球形，成熟时蓝黑色；花期 5~6 月，果熟期 7~9 月。

分布 各林区；生长于海拔 600m 以上的林下或阴坡草地、灌丛中。

湖北黄精

Polygonatum zanlanscianense

科名	百合科 Liliaceae
属名	黄精属 *Polygonatum*

形态特征 多年生草本，根状茎肥厚，圆柱状；叶 3~6 枚轮生，细线形，先端拳卷，边常外卷；花序轮生，2~11 朵花，苞片透明膜质，位于花梗上或基部，花被淡紫色；浆果紫红色，具 4~9 粒种子；花期 5~7 月，果熟期 8~10 月。

分布 各林区；生长于海拔 600m 以上的林下、山坡、草地或岩石缝隙中。

保护类别 中国种子植物特有种。

七叶一枝花

Paris polyphylla

科名 百合科 Liliaceae

属名 重楼属 *Paris*

形态特征 多年生草本，根状茎粗厚，外面棕褐色，密生环节和须根；叶 5~10 枚轮生，矩圆形，叶柄明显，带紫红色；外轮花被片绿色，3~6 枚，狭卵状披针形，内轮花被片狭条形；雄蕊 8~12 枚，花药短，与花丝等长，子房近球形，具棱；蒴果紫色，3~6 瓣裂开；种子红色，多数；花期 5~7 月，果熟期 8~10 月。

分布 京子垛、宝天曼、蚂蚁沟、牧虎顶林区；生长于海拔 1000m 以上的林下或山谷阴湿处。

保护类别 国家 II 级保护野生植物，河南省重点保护植物。

山麦冬
Liriope spicata

科名 百合科 Liliaceae
属名 山麦冬属 *Liriope*

形态特征 多年生草本，植株有时丛生，根状茎短，木质，具地下茎；叶基生，表面深绿色，具5条脉，边缘具细锯齿；花葶长于叶，总状花序具多花，花2~5朵簇生于苞片腋内，苞片小，披针形，花被片淡紫色；种子近球形；花期5~7月，果熟期8~10月。

分布 牛心、京子垛、宝天曼、蚂蚁沟、红寺河林区；生长于海拔1500m以下的山坡、山谷林下、路旁或湿地。

黑果菝葜

Smilax glaucochina

科名 菝葜科 Smilacaceae
属名 菝葜属 *Smilax*

形态特征 落叶攀援灌木，根状茎短粗，坚硬；单叶互生，厚纸质，椭圆形，先端微凹，背面灰白色，有白粉，有卷须；花序伞形，具十余朵花，花序托稍膨大，具小苞片；花绿黄色，雌雄花大小相似；浆果，熟时黑色，具白粉；花期4~5月，果熟期9~10月。

分布 宝天曼、红寺河、猴沟林区；生长于海拔800m以上的林下、灌丛或山坡阴处。

托柄菝葜

Smilax discotis

科名	菝葜科 Smilacaceae
属名	菝葜属 *Smilax*

形态特征 落叶攀援灌木，茎疏生刺；叶互生，纸质，椭圆形，先端渐尖，基部心形，背面灰白色，具 3~5 条脉；叶柄，脱落点位于近顶端，有时具卷须，鞘与叶柄等长；伞形花序，花序托稍膨大，具多数小苞片，花黄绿色；浆果球形，成熟时黑色，具白粉；花期 4~5 月，果熟期 9~10 月。

分布 圣垛山、蚂蚁沟、牛心、宝天曼、京子垛林区；生长于海拔 600m 以上的林下、灌丛或山坡阴处。

保护类别 中国种子植物特有种。

穿龙薯蓣

Dioscorea nipponica

科名 薯蓣科 Dioscoreaceae
属名 薯蓣属 *Dioscorea*

形态特征 多年生缠绕草质藤本，根茎横生，茎左旋；单叶互生，掌状心形，边缘有三角状裂，表面黄绿色，有光泽；雌雄异株，雄花穗状花序，生于叶腋，雌花序单生于叶腋，下垂；雄花花被片6，雄蕊6；蒴果成熟后枯黄4个，三棱形，顶端凹入；种子每室2枚，着生于中轴基部；花期6~8月，果熟期8~10月。

分布 各林区；生长于海拔600m以上的灌丛或疏林中。

扇脉杓兰
Cypripedium japonicum

科名 兰科 Orchidaceae
属名 杓兰属 *Cypripedium*

形态特征 多年生草本，根状茎横生，茎直立，密被长柔毛；叶2片，近于对生，扇形，上半部边缘呈钝波状，基部宽楔形，具扇形脉；花序顶生，具1花，花苞片叶状，多脉；花瓣披针形；唇瓣基部收狭，具短爪，内面基部具毛；蒴果具喙，疏被微柔毛；花期6月，果熟期7~8月。

分布 宝天曼、猴沟、许窑沟、蚂蚁沟林区；生长于海拔1000m以上的山沟溪旁及杂木林下。

保护类别 国家II级保护野生植物，河南省重点保护植物。

头蕊兰
Cephalanthera longifolia

科名 兰科 Orchidaceae
属名 头蕊兰属 *Cephalanthera*

形态特征 多年生草本,根状茎粗短;茎直立,无毛,下部具3~5枚排列疏松的鞘;叶5~7枚,披针形,先端渐尖,无毛,常对折;总状花序具6~12朵花,花序轴无毛,苞片钻形,花白色,萼片无毛,花瓣近倒卵形;蒴果椭圆形;花期5~6月,果熟期8~9月。

分布 宝天曼、红寺河林区;生长于海拔1300m以上的林下。

天麻

Gastrodia elata

科名 兰科 Orchidaceae

属名 天麻属 *Gastrodia*

形态特征 腐生植物，植株高可达2m，块茎肉质肥厚，横生，具环纹，茎不分枝，直立，黄褐色；鳞片状叶棕黄色，膜质；总状花序具多花，苞片膜质，花淡黄色，萼片于花瓣合生成歪斜的筒状，先端5齿裂，唇瓣卵圆形；蒴果倒卵形；种子细而粉尘状；花期7~8月，果熟期8~10月。

分布 宝天曼、七里沟、猴沟、平坊林区；生长于海拔700~1500m的山坡阔叶林、灌丛下。

保护类别 国家II级保护野生植物，河南省重点保护植物。

广东石豆兰
Bulbophyllum kwangtungense

科名 兰科 Orchidaceae

属名 石豆兰属 *Bulbophyllum*

形态特征 附生植物，根状茎长而匍匐，假鳞茎长圆柱形，在根状茎上远离着生；顶生 1 叶，革质，长圆形，先端钝圆而凹，基部渐狭成楔形，具短柄，有关节，中脉明显；花葶从假鳞茎基部长出，高出于叶，有 3~5 枚膜质鞘；总状花序短，呈伞状，具花 2~4 朵；花淡黄色；蒴果长椭圆形；花期 6~7 月，果熟期 9~10 月。

分布 猴沟、许窑沟、红寺河林区；生长于海拔 700~1500m 的石壁上或树干上。

杜鹃兰
Cremastra appendiculata

科名 兰科 Orchidaceae
属名 杜鹃兰属 *Cremastra*

形态特征 多年生草本，假鳞茎卵球形，通常具 2 节，外被膜质鳞片；叶通常 1 枚，生于假鳞茎顶端，椭圆形，先端急尖，基部楔形收狭成柄；花葶侧生于假鳞茎上部的节上，下部具 2 枚鞘状鳞片；总状花序偏向一侧，花 10~20 朵；花玫瑰色，长管状，悬垂；蒴果近椭圆形，下垂；花期 6~7 月，果熟期 9~10 月。

分布 宝天曼、红寺河林区；生长于海拔 800~1700m 的沟谷和林下湿地。

保护类别 国家 II 级保护野生植物。

蕙兰
Cymbidium faberi

科名 兰科 Orchidaceae
属名 兰属 *Cymbidium*

形态特征 多年生地生草本，具肉质纤维根；叶基生，狭带形，两面无毛；花葶比叶短，常具3个节，节上有鞘；总状花序，薄片线状披针形，膜质，花疏离，红色，具香味；花瓣于萼片相似，有紫褐色斑点，3裂；蒴果狭椭圆形；花期4~5月，果熟期6~7月。

分布 宝天曼、许窑沟、五岈子、猴沟林区；生长于山坡林下湿地。

保护类别 国家II级保护野生植物。

曲茎石斛

Dendrobium flexicaule

科名 兰科 Orchidaceae
属名 石斛属 *Dendrobium*

形态特征 附生草本，茎丛生，回折向上弯曲，干后淡棕黄色；叶2~4枚，生于茎上部，近革质，矩圆状披针形，基部具宿存的鞘，鞘膜质抱茎；花序侧生于去年生落叶的茎上部，单花或双花，总花梗基部具3~4枚膜质鞘，苞片卵状三角形，先端急尖，浅白色，无斑点；花开展，浅绿色带紫，萼片和花瓣黄绿色，中部以上具紫晕，唇瓣淡黄色，先端边缘淡紫色；药帽乳白色，近菱形，花粉块4个；花期5月，果熟期7~8月。

分布 宝天曼、银虎沟、南阴坡、红寺河林区；生于海拔900~1500m的阴湿岩石上。

保护类别 国家Ⅰ级保护野生植物，中国种子植物特有种，河南省重点保护植物。

▲ 秋山递爽

▲ 秋水